Webディレクションの
新・標準ルール 改訂第3版

リモート時代の最新ワークフローとマネジメント

タナカミノル・滝川洋平・岸 正也・栄前田勝太郎 共著

エムディエヌコーポレーション

はじめに

　本書は、2017年に刊行した『Webディレクションの新・標準ルール』の改訂第3版です。多くの読者の皆様にご支持をいただき、再び改訂の機会をいただけたこと、厚く御礼申し上げます。Web業界が進化と変化を繰り返し、コミュニケーションの在り方や、社会的要請によって規制やガイドラインが変わっていますが、我々が伝えたいものは普遍的な「ディレクションの考え方とノウハウ」です。

　改訂第2版を刊行してまもなく、予想だにしなかった社会変革が起こりました。COVID-19が猛威をふるい、我々の働き方も様変わりしました。しかし新しい環境においても、さまざまなスキルを持ったスタッフをまとめ、指揮し、クライアントの隠れたニーズを発見し、ビジネスを成功に導くことはWebディレクターの変わらぬ任務です。

　ディレクターに求められるスキルセットも初版時から比べてみると増えています。Web制作や運営における本質的なニーズはもちろん、クライアントとその顧客にどのように価値を伝え、広げていくか。過去と現在、そして未来まで俯瞰して見渡せる視点も求められています。進行管理を行うだけのディレクターでは、今日求められている「価値」を提供することは難しいでしょう。

　今回の改訂にあたり、時代の変化にそぐわなくなった部分は見直し、動画コンテンツやリモート環境での制作ノウハウなど、新たに「標準」となるトピックを追加しました。また、GDPRや改正個人情報保護法など、プライバシー規制にも詳しく触れています。

　Webディレクションが担う範囲は、もはや「Web」だけでなく、そこからつながるさまざまなインターネットのビジネスに大きく関わっています。本書を手に取ってくださった方がディレクションやマネジメントに携わる方であれば、本書で解説しているノウハウを実践の場でぜひ試してみてください。

　今は、これまでの「標準」が過去になり、不安の中でそれぞれの立場で試行錯誤を繰り返し、新しい「標準」を作り上げていく途中です。この本に触れた皆様が実践で得た経験が、ニューノーマルな世界の標準ルールを作ります。本書が皆様の手がかりになることを願って。

執筆者を代表して
滝川 洋平

CONTENTS

CHAPTER 1 ディレクションの「いま」

CHAPTER 4 制作・進行管理

CHAPTER 5　運用・改善

本書の使い方

本書はWebサイトのディレクションに関する最新のトピックを、「制作ワークフローとマネジメント手法の変化」を下敷きにしながら、「企画」、「設計」、「制作・進行管理」、「運用・改善」のフェーズごとに紹介した解説書です。本書は以下のような誌面構成になっています。

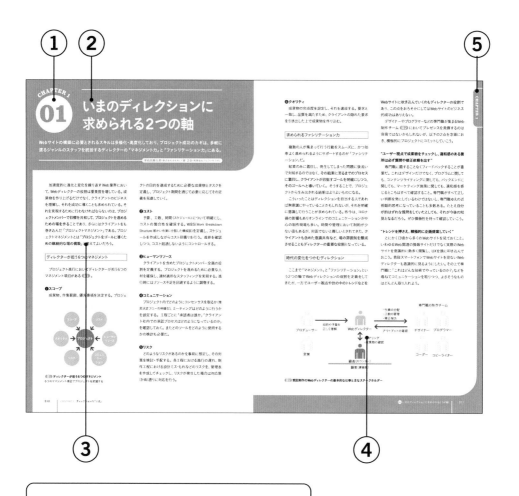

① 記事番号を示しています。

② 記事のテーマタイトルです。

③ 解説文では、文中の重要部分を黄色のマーカーで示しています。

④ 解説文と対応する図版を掲載しています。

⑤ 章番号を示しています。

※本書に掲載されているURL、サイト名など、すべての情報は2022年8月現在のものです。以降の仕様の変更などにより、記載されている内容が実際と異なる場合があります。あらかじめご了承ください。

CHAPTER 1

ディレクションの 「いま」

Webサイトやリービスのプロジェクト
には、さまざまな職域・立場のスタッフが
関わる。多様なメンバーをつなぐハブの役
割を果たすのが、制作ディレクションを担
うWebディレクター。ディレクターに求め
られる知識やスキルも変化している。

CHAPTER 1

01 いまのディレクションに求められる2つの軸

Webサイトの構築に必要とされるスキルは多様化・高度化しており、プロジェクト成功のカギは、多岐に渡るジャンルのスタッフを統括するディレクターの「マネジメント力」と「ファシリテーション力」にある。

栄前田勝太郎(株式会社ゆめみ)／岸 正也(有限会社アルファサラボ)

加速度的に進化と変化を繰り返すWeb業界において、Webディレクターの役割は重要度を増している。成果物を作り上げるだけでなく、クライアントのビジネスを理解し、それを成功に導くことも求められている。それを実現するために行わなければならないのは、プロジェクトメンバーで目標を共有して、プロジェクトを進めるための場を作ることであり、さらにはクライアントをも巻き込んだ「プロジェクトマネジメント」である。プロジェクトマネジメントとは「プロジェクトをゴールに導くための継続的な場の構築」と考えてよいだろう。

ディレクターが担う6つのマネジメント

プロジェクト進行においてディレクターが担う6つのマネジメント項目がある 図1 。

❶スコープ

成果物、作業範囲、優先事項を決定する。プロジェクトの目的を達成するために必要な成果物とタスクを定義し、プロジェクト期間を通じて必要に応じてその定義を見直していく。

❷コスト

予算、工数、時間(スケジュール)について明確にし、コストの整合性を確保する。WBS(Work Breakdown Structure:細かい作業に分割した構成図)を定義し、スケジュールを作成しながらコスト見積りを行う。進捗を確認しつつ、コスト超過しないようにコントロールする。

❸ヒューマンリソース

クライアントを含めたプロジェクトメンバー全員の役割を定義する。プロジェクトを進めるために必要な人材を確保し、適材適所なスタッフィングを実現する。進行時にはリソース不足を回避するように調整する。

❹コミュニケーション

プロジェクト内でどのようにコンセンサスを取るか(意思決定フローの明確化)、ミーティングはどのように行うかを設定する。工程ごとに「承認者は誰か」「クライアント社内での承認プロセスはどのようになっているのか」を確認しておく。またどのツールをどのように使用するかの検討も必要だ。

❺リスク

どのようなリスクがあるのかを事前に想定し、その対策を検討・手配する。各工程における進行の遅れ、制作工程における設計ミス・もれなどのリスクを、管理表を作成してチェックし、リスクが発生した場合は対応策(計画)通りに対応を行う。

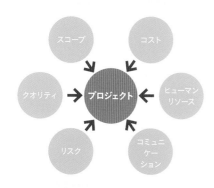

図1 ディレクターが担う6つのマネジメント
6つのマネジメント項目でプロジェクトを把握する

❻クオリティ

成果物の完成度を設定し、それを達成する。要求と一致し、品質を満たすため、クライアントの隠れた要求を引き出した上で成果物を作り込む。

求められるファシリテーション力

複数の人が集まって行う行動をスムーズに、かつ効率よく進められるようにサポートするのが「ファシリテーション」だ。

結果のみに着目し、発生してしまった問題に後追いで対処するのではなく、その結果に至るまでのプロセスに着目し、クライアントが目指すゴールを明確にしつつ、そのゴールへと導いていく。そうすることで、プロジェクトから生み出される結果はよりよいものになる。

こういったことはディレクションを担当する人であれば無意識にやっていることかもしれないが、それを明確に意識して行うことが求められている。昨今は、コロナ禍の影響もありオンラインでのコミュニケーションが中心の制作現場も多い。時間や管理において制約が少ない面もあるが、対面でないと難しいとされてきた、クライアントも含めた意識共有など、場の雰囲気を醸成させることもディレクターの重要な役割となっている。

時代の変化をつかむディレクション

ここまで「マネジメント」と「ファシリテーション」という2つの軸でWebディレクションの役割を定義をしてきたが、一方でユーザー視点や世の中のトレンドなどを

Webサイトに吹き込んでいくのもディレクターの役割であり、この点をおろそかにしてはWebサイトのビジネス的成功はありえない。

デザイナーやプログラマーなどの専門職が集まるWeb制作チーム **図2** においてプレゼンスを発揮するのは容易ではないかもしれないが、以下の2点を念頭におき、積極的にプロジェクトにコミットしていこう。

"ユーザー視点で成果物をチェックし、違和感のある箇所は必ず質問や修正依頼を出す"

専門職に臆することなくフィードバックすることが重要だ。これはデザインだけでなく、プログラムに関しても、コンテンツライティングに関しても、バックエンドに関しても、マーケティング施策に関しても、違和感を感じるところはすべて確認すること。専門職がすべて正しい判断を常にしているわけではないし、専門職ゆえの近視眼的思考になっていることも多数ある。たとえ自分が的はずれな質問をしていたとしても、それが今後の知見となるだろう。ぜひ積極性を持って確認していこう。

"トレンドを押さえ、積極的に企画提案していく"

とにかく日頃から多くのWebサイトを見ておくこと。いわゆるWeb関連の情報サイトだけでなく実際のWebサイトを意識的に数多く閲覧し、UXを頭に叩き込んでおこう。普段スマートフォンでWebサイトを見ないWebディレクターも意識的に見るようにしたい。その上で専門職に「これはどんな技術でやっているのか?」などを尋ねてコミュニケーションを取りつつ、よさそうなものはどんどん取り入れよう。

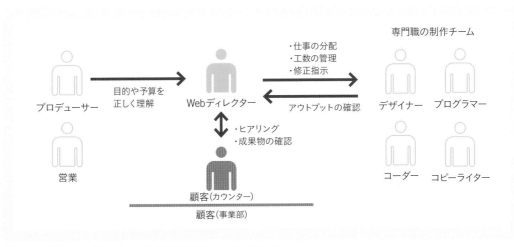

図2 受託制作のWebディレクターの基本的な仕事と主なステークホルダー

CHAPTER 1

02

Web制作における
トレンドと新技術

世の中に数多くあるWeb関連の情報サイトにはさまざまなトレンドや新技術が溢れている。それらの特性を一つひとつ吟味し、プロジェクトに有益だと判断できるものは積極的に提案していこう。

岸 正也(有限会社アルファサラボ)

トレンドや新技術を知るべき理由

Web制作の世界では日々トレンドや新技術が生まれている。例えば、UI設計の手法として5つの構成要素からWebサイトを構築するAtomic Designの勢いが増してきている、近年のフラットデザイン・マテリアルデザインのより戻しとしてニューモーフィズムや透明度を利用したグラスモーフィズムのアプリケーションをよく見かけるなど、変化が常に起こっている。

開発手法に関しても、React、Angular、VueなどのJavaScriptフレームワークが標準の現場では、JQueryは過去のものとみなされているところもあるだろう。

そうしたなか、旧来の知識や手法に基づき制作を行うと、UXを損ないWebサイトのパフォーマンスが思うように上がらない、より効率的な手法を知らずにプロジェクトの適切な工数配分ができないなどの弊害が起こる可能性もある。

もちろんすべてのトレンドや新技術を取り入れればいいというわけではなく、それらのもつ特性とWebサイトとの相性、さらにリスクも十分考慮した上で導入を検討すべきである。現場のデザイナーやプログラマーにはWebサイトの全体像を考慮した導入判断は難しいことも多いので、こうした知見を持つこともWebディレクターに求められる要素のひとつである。

図1 Apple 公式サイト
Appleのサイトはクールなだけではなく、わかりやすいIA、マーケティングを意識したコンテンツを兼ね備えている。ヘッダーの縮小や1カラム、ビッグフッターなどAppleだからできると言われた時代もあったが、いつの間にかスタンダードになっていた。これからもウォッチしていくべき対象の代表格だ
https://www.apple.com/jp/

モバイルファーストを実現するには

モバイルファーストが完全に当たり前になったが、あくまでPCサイトが主軸でCSSやJavaScriptを駆使してスマートフォン用に後付けで表示を調整している現場もまだ多いのではないだろうか？ まずスマートフォンでどのようなUXを実現させるかに軸足を置き、その後PC用に調整するフローが実現できているだろうか？

レイアウトは1カラムが主流になり、グローバルナビゲーションは「≡」メニュー（ハンバーガーメニュー）に取って代わり、カラム数の多いテーブルは適宜分割やリストに変更されるようになった。デザインのベンチマーク対象もユーザーの接触時間が長いニュースアプリやメルカリ、Instagramなどを中心に考えると、ユーザーの慣れ親しんだUXをそのまま引き継ぐことができる。

モバイルファーストはレスポンシブWebデザインやフラットデザインなど近年のデザイントレンドよりもさらにクライアントを含めた全員の考え方を根本から変える必要があり、Webディレクターの理解と説明能力が試されるところだ。

インフラやサーバーサイドのトレンド

インフラ関連では、Dockerの利用が当たり前になってきた。Dockerはコンテナ型の仮想環境を作成できるツールで、OS、ミドルウェア、ソフトウェアなどを含めて誰でも容易に同じ環境を複製可能である。例えばデザイナー、プログラマー問わず人数分個別のWordPress環境を作成し、それぞれがGitを利用してステージング環境に公開するようなフローを作成することで作業がほかの開発者に影響を与えず開発が可能になり、また、最新の状態を自分の環境に適用するのも容易である。最近ではKubernetesと呼ばれるDockerなどのコンテナ運用を自動化するツールも注目されている 図2 。

マーケティングのトレンド

ECから始まったマーケティングオートメーション(MA)の流れから、BtoBの世界でも各社積極的に取り組むようになっている。背景には営業や展示会など、旧来の足で稼ぐ営業方法のみではなかなか新規顧客開拓につながらないと現状があるといえるだろう。2019年のバズワードとなったデジタルトランスフォーメーション(DX：Digital Transformation)もこの流れを後押ししている。主なツールとしてOracle Marketing Cloud、Adobe Marketing Cloud、日本ではb→dashやSATORIなどもよく利用されている 図3 。ただし、実際の運用には業務改革とシナリオ作成がツールの選定以上に難しいところであるので導入には十分な設計が必要だ。

図2 **Kubernetes**
KubernetesはGoogleが設計したオープンソースのプラットフォームで、コンテナ化されたWebサイトを自動でデプロイするなどが可能になる
https://kubernetes.io/ja/

図3 **SATORI**
SATORIはわかりやすいインターフェースを備えた国産MAツール。サポートも充実
https://satori.marketing/

CHAPTER 1

03 プロジェクトの工程管理とリスクヘッジのあり方

プロジェクトを成功へ導くためには細かい管理（ミクロの視点）だけでなく、全体の把握（マクロの視点）が非常に重要となる。そのため常にプロジェクトを俯瞰して見る意識を心掛けてほしい。

岸 正也（有限会社アルファサラボ）

Webのプロジェクトの始まりと終わり

プロジェクトの発生から終わりまでを直線状に並べると大枠で 図1 のようになる。1人でこのすべてのフェーズをディレクションするわけではないとしても、まずそのプロジェクトの全体像を把握しよう。また担当外の動きについても、常に情報収集しながら、自分なりの意見を持つように努めよう。担当外のフェーズに関しても周りから意見を求められるようになれば一人前だ。

プロジェクトをスケジュールに落とし込んだ際には必ずスタートとゴールが存在するが、実際は明確な始まりがあるわけではなく、数年後のプロジェクトスタートに向けた構想も存在する。

ゴールもしかりで、Webサイト公開がゴールではなく実際にユーザーが来訪する公開後がスタートである。公開後のWebディレクターとしての役割を明確にし、改善、機能追加、マーケティングなどの施策を積極的に提案できるようになりたい。

そして、このスタートやゴールがない世界で、どのタイミングで入っても積極的にプロジェクトに貢献できるようにしよう。例えば、次のようなキャリアプランも現場では日常的に存在するのだ。

- 公開直前にサポートディレクターとして参画
- 運用ディレクターとなる
- 実績を認められ、次期リニューアルのプロジェクトマネージャーとなる

手戻りの可能性を考慮する

このプロジェクトの大きな流れをWBSに落とし込み、期日を書き込めばスケジュールは決まり、あとは機械的に作業を割り振るだけ……とはいかない。作業には必ず手戻りが発生するのだ。その手戻りをどのように処理するかを考えるのが難しい。一般的には 図2 のように確認期間を設けるが、大規模な修正や前のフェーズ

図1 Webサイト制作の流れ
Webサイト制作の大まかなフロー。実際の作業に落とし込んでいくとさらに細かく分岐する

に戻るような修正が入った場合、こちらの期間だけでは足りず期間の遅れや工数の増大が発生するのだ。

図2 の例でいえば、デザインの確認―調整を「依存関係から外す」ことである程度解決することはできるだろう。例えばページの要素をHTMLとCSSで完全に分離した設計を行えば、理論上はページ作成が行われている間、デザインの議論や調整ができるようになる。

また、いままで見てきたような一直線にプロジェクトを進める開発手法を「ウォーターフォール・モデル」というが、反復を前提とした「アジャイル・モデル」も存在する。アジャイル・モデルは、「要求仕様が常に変化する」、「チームが（あらゆる意味で）一体にならないとうまくいかない」など難易度は高いが、特に自社サービスを構築する際にはぜひ参考にしてほしい手法だ。また受託でも段階的リリースなど利用できる点や学ぶべき点は多い。

ユーザーの視点を入れる

「スケジュールも手戻り対策も万全だし、プロジェクトの成功は間違いない」と確信するのはまだ早い。特に前述のウォーターフォール・モデルでプロジェクトを進めた場合、確かに公開まではスムーズに行くかもしれない

が、あくまでプロジェクトの成功はユーザーとともに存在する。制作がスムーズに行われても使い勝手が悪かったり、Webサイトの新機能を気づかれないようでは、プロジェクトの成功はおぼつかない。UXやユーザビリティの説明は次章以降に譲るが、基本的に制作者はユーザーの立場に立つことはできない。だからこそ、以下のようなツールを活用しながら、工程にユーザーの視点を入れなければならないのだ 図3 。

ユーザーの視点を入れる主なツール

- 市場調査
- サービスの全体像を捉えるインタビュー（サービスサファリ、シャドーイング）やフロー図の作成（カスタマージャーニーマップ）
- モックアップを利用したユーザーへのテスト
- β版リリースによるテストマーケティング

図2 デザインとコーディングの関係例
上のフローの場合、確認や修正期間が伸びると開始期間が遅くなる。そのため、デザインが完全に完了していなくてもコーディングを進められるように、工程を分離した

デザインとコーディングが依存関係にあるスケジュール

デザイン → 修正 → コーディング　制作者
確認 → 再確認　発注者

デザインとコーディングを切り離したスケジュール

ビジュアルを省いたHTMLテンプレート → 各ページコーディング　制作者
デザインを別確認　発注者

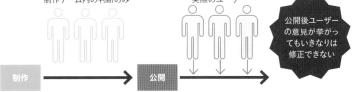

図3 ユーザーと制作チームの乖離
制作チームは純粋なユーザーの立場に立つことは不可能なので、公開前にユーザーの視点を入れる

制作チーム内の判断のみ　　実際のユーザー

公開後ユーザーの意見が挙がってもいきなりは修正できない

制作 → 公開 →

CHAPTER 1
04
サイトの規模で変わる作業量と「商流」

現場ではWebサイトの規模や「商流」によってWebディレクターの役割も変わってくる。この本質を理解するか否かが、Webディレクターとしてさらにステップアップできるかどうかの大きなポイントだ。

岸 正也(有限会社アルファサラボ)

サイトの規模と組織の規模は比例するか?

　企業や自治体などの組織が運用するWebサイトの規模は年々拡大傾向にある。もともと組織の規模に応じてWebサイトの規模も大きくなる傾向にあるが、コンテンツマーケティングの施策のひとつとして定着したオウンドメディアは、自ら所有しているWebサイトからの情報発信を、継続的に行えるかどうかがWebサイト成功の大きなカギになっている。したがって小さな組織でもWebサイトを積極的に活用していく姿勢がある場合には規模が大きくなる傾向にある。また社内の情報公開やナレッジ(知識、知見)共有に力を入れている組織は多くの情報をイントラネットに公開している。

　現在組織の活動で情報公開や情報共有が必要になった際、真っ先に用いられる手段がWebサイトであり、今後もますますその規模は拡大していくだろう。

Webサイトのページ数と作業工数の関係

　先述のようにWebサイトの規模は拡大の一途をたど

ランディングページの1ページだけどテレビ連動企画をゼロから考えなきゃって大変だ。

数千ページのカタログサイトだけどフォーマットが決められそうだ。どう効率よくやろうか?

図1 的確に作業量を見積もる

っており、1人のWebディレクターでWebサイトすべてをカバーするのは難しい。現実的にはプロジェクトマネージャーなどの役職を就け、業務範囲を細分化した上で、個別の担当が決まる。だがひとりの担当範囲はページ数で表すと既存ページ内の一部改正から1ページのランディングページ作成、数千ページにもおよぶ製品のカタログページまでさまざまだ。以前ならページ数で作業規模が見積もれることもあっただろう。

　だが、現在ではサイトの規模とサイトの価値、作業量は必ずしも一致しないことが多い。作業量はページの重要性やKPIへの貢献度、担当業務への関わり方、調整すべき関係者の数、制作の難易度などによって大きく変化する。工数の測り方は次章以降に譲るが、まずは担当箇所の作業規模を正しく見積もることが重要だ **図1** 。

商流について

　Webディレクターの役割を決定する上での大きな要因のひとつに「商流」が存在する。商流とは「取引の流れ」 **図2** を指し、特にどこから自分の仕事が発生しているかによって仕事上の立場や役割が変わってくる。ただし、あまり商流だけを意識するとWebディレクターとしての成長は望めない。一部の担当でもかかわっているWebサイトの目的やゴールを正しく理解し、積極的に意見を述べていこう。

Webディレクターのプロジェクトスタート

　ではWebディレクターにとってプロジェクトスタートはいつだろうか。制作会社であれば「営業職が獲得し

た仕様作成済みの案件がスタート、納品がゴール」にな
る場合もあれば、企画・コンサルティングから参画する
場合や、公開直前に追加要員として参画することもある
だろう。

いずれにせよ、プロジェクトの発生は必ずしも予測で
きるものではない。Webディレクターはいかなるときに
でもプロジェクトの発生に備えなければならないのだ。

▶ 事業のことを知りすぎているので、逆にユーザー視点を失っていないか注意しよう

▶ 自社の特殊事情にとらわれ過ぎず、Webのトレンドに合わせよう

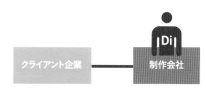

▶ 担当する企業の事業に興味を持ち、常に新規提案をしていかないと、この図式を継続していくのは難しい

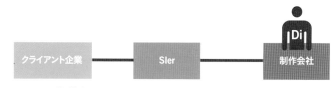

▶ コンテンツの重要性やWebならではの開発手法を理解してもらおう

▶ 代理店が仕掛けるキャンペーンや広告の効果を上げるために、積極的に提案していこう

▶ 仕様の疑問をそのままにせず、元請けからクライアント企業にフィードバックしてもらえるように伝えてみよう

図2 主なWebサイト制作時の商流と、Webディレクションのポイント
左端を発注元とし、右端に向けて発注が流れている。中間にもさまざまな会社が入るパターンがあり、ディレクターが注意すべきポイントも変わる

CHAPTER 1

05 Webサイトの代表的な パターンと目的

Webサイトは、いくつかの代表的なデザインパターンに分類される。事業戦略まで踏み込んだ提案をするためには、必要なサイトがどのタイプかをよく吟味しなければならない。

岸 正也（有限会社アルファサラボ）

企業Webサイトのタイプ別分類

企業Webサイトの主なタイプは **図1** のようになる。これらはいずれも組織規模の大小、事業内容を問わず戦略的に運用していくことができる。それぞれの役割とKPI（目標達成度を計測するための指標）、代表的なパターンを正しく理解しよう。

コーポレートサイト

企業Webサイトの基本であり、会社案内、事業紹介の役割を果たす。企業の顔となるので企業イメージを全面に打ち出しつつ、必要な情報をわかりやすく提示することが大切だ。

多くの場合、中心となるのは自社の製品やソリューションの紹介だろう。製品独自の色を出しつつ、ヘッ

ダー・フッターやボタンの配色などWebサイト全体の決まりごとにも配慮しよう。

IRサイトは上場企業では必須となる。担当になった場合は他社をベンチマークすると共にJPX（日本取引所グループ）のインサイダー取引規制セミナーなどを拝聴し情報開示についての正しい知識を身に付けよう。

特に採用に力を入れている企業の場合は採用サイトを独立させるケースも多い。就職サイトや転職サイトから応募するユーザーも、必ず一度はその企業のサイトを訪れる。その際に志望者目線の情報が充実していると好感度が高まるのだ **図2** ～ **図4**。

サービスサイト

インターネット上でサービスを行うサイトを特に「サービスサイト」と呼ぶ。例えばECサイト、転職情報サイ

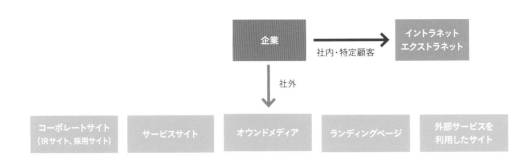

図1 Webサイトのタイプ
企業Webサイトのタイプは、上記の6つに大別される

ト、音楽配信サービス、eラーニング、不動産情報サイト、キュレーションサイトなど枚挙にいとまがない。

サービスサイトはインターネットでの成果がすぐに業績につながるためシビアだが、WebディレクターにとってもやりがいのあるWebサイトだ。インターネット上で完結、またはゴールに近いところまでユーザーを誘導す

るため、特にUI/UXが重要になる。

ここで忘れてはいけないのは、ユーザーが当サービスだけを利用するとは限らないことだ。

同業他社のサービスサイトをよくベンチマークし、いい意味でその業界にベストなUI/UXを提供できるように努力しよう 図5 図6 。

図2 コーポレートサイトと商品サイト
左:インプレスのさまざまな事業を中心に紹介するコーポレートサイト、右:同社の商品のひとつである書籍を紹介するサイト
https://www.impress.co.jp/
https://book.impress.co.jp/

図3 コーポレートサイト―IRサイト
株主・投資家の皆様へ コニカミノルタ株式会社
https://www.konicaminolta.com/jp-ja/investors/

図4 コーポレートサイト―採用サイト
パナソニック コネクト株式会社　採用サイト
https://connect.panasonic.com/jp-ja/recruit/graduate/

図5 サービスサイト―検索サイト
SUUMO(不動産情報サイト、株式会社リクルート)
https://suumo.jp/

図6 サービスサイト―ECサイト
食のSELECTネットショップ 安心堂(T&Nネットサービス株式会社)
https://anshindo-d.com/

オウンドメディア

オウンドメディアとは「Own」と「Media」を組み合わせた造語で、自社の情報を発信するメディアのこと。掲載コンテンツを自社の資産とすることができるため、SEOやユーザーの囲い込みによる顧客育成などに力を発揮する。広義に捉えると公開しているWebサイトすべてがオウンドメディアだが、狭義ではテックブログや自社の得意分野をまとめたニュースサイト、キュレーションサイトなど、より積極的なコンテンツマーケティングを行う場を指すことが多い 図7 図8 。

オウンドメディアを運用するのは簡単ではない。自社目線にならず、ユーザーにとって魅力的なコンテンツを常に提供しつづけなければならないのだ。

予算があっても外部ライター頼りだけでは継続は難しく、社内のリソースも活用しなければ運用できないケースが多い。しかも多くの場合、自社のブランドイメージとそぐわないものは採用されにくく、リード（見込み客）獲得や事業の利益に結びつかなければ社内的にもなかなか評価されにくい。

ただし、バナーやリスティング、記事広告などのアウトバウンドの広告と違い、一度作成すると自社の資産として長い期間に渡り活用することが可能であり、集客やブランディングにメディアとしての力を発揮するだろう。

ランディングページ

ランディングページとは主にインターネット広告のリンク先として作成され、ユーザーの入り口になるページ。広告からの着地点（Landing）となるためにこのように呼ばれる。

多くの場合、特定の商品やサービスのために制作され、離脱を防ぐため購入や登録の完了までページ遷移せずに1ページで完結させることが多い。そのため縦に長い独特のレイアウトになる。

業績に直結するページのため、コンバージョン獲得のさまざまな対策が施され、その対策はLPO（Landing Page Optimization）と呼ばれる。

LPOは大きく分けてボタンやフォームなどのUIや文言や画像といったコンテンツを、ユーザーがよりコンバージョンしやすいように最適化するものと、ターゲットに合わせた複数のランディングページを作成し、ツール

図7 オウンドメディア
SUUMOジャーナル
https://suumo.jp/journal/

図8 オウンドメディア
GEMBA　サプライチェーン専門メディア（パナソニック コネクト株式会社）
https://gemba-pi.jp/

図9 ランディングページ— 商品ランディング
健康投資ヨーグルト　メイトーオンラインショップ（協同乳業株式会社）
https://www.meitoonline.com/kenkotoshi-yogurt/

図10 ランディングページ— セミナー集客
就活アウトロー採用（特定非営利活動法人キャリア解放区）
https://outlaw.so/

によってCVRを計測、最適な形を選択するタイプに分けられる 図9 図10 。

外部サービスを利用したWebサイト

外部サービスを利用したWebサイトは大きく2つに分かれる。

ひとつは支店を出すパターン。他社が運営するSNSやポータルサイト上などに企業のページを展開することだ。例えばFacebookページを開設すれば、オプトイン（受け入れを許可）したユーザーに対してプッシュで情報を送ることができ、また強力なインサイト（解析機能）で来訪ユーザーの属性を知ることができる。SNS以外でも専門業種を集めたポータルサイトなど無償で登録できるものも多いので、チャネルの増加策として活用するとよいだろう。また、独自ドメインのECサイトを持ちつつ楽天やYahoo!ショッピングに出店し、多チャンネル戦略を行うことも有効だ。今は多店舗同時に管理できるようなシステムも多く提供されている。アフィリエイトやポイントサイトもこのパターンだ。

もうひとつは、自社サイトに外部サービスを取り入れるパターン。自社サイト内に組み込んだり、独自ドメインで運用できる外部サービスも数多い。ECカートや、FAQ、店舗検索、お問い合わせフォームなど専門性の高いさまざまなサービスが提供されている 図11 ～ 図14 。

イントラネット・エクストラネット

イントラネットとは企業内ネットワークのこと。企業内ネットワークに社員専用のポータルサイトや部門サイト、知識や情報の共有を目的としたナレッジサイトなど、さまざまなWebサイトが設置される。特に近年は社員同士の横のつながりなどで、イントラネットを積極的に利用する例が増えてきている。代表的なインフラにMicrosoftの「SharePoint」などがある。公開サイトと同様にスマートフォン対応が急速に進められている。

また、イントラネットを企業間などで相互接続したものをエクストラネットと呼び、取引先や販売店、特約店などの特定の企業間の情報共有に利用されている。

図11 外部SNS利用—Twitter
ソニーの公式 Twitter
https://twitter.com/sony_jpn

図12 EC多店舗展開 - ネクストエンジン
Hamee 株式会社
https://next-engine.net/

図13 自社サイト組み込み ― 統合カスタマーポート
Zendesk
https://www.zendesk.co.jp/

図14 専門ポータルサイト—工場向けポータルサイト
株式会社ＮＣネットワーク
https://www.nc-net.or.jp/

06 多様な閲覧環境と標準規格への対応

Webサイトの閲覧環境は、スマートデバイスの普及とともに多様化した。それを踏まえつつ、人間にもWebサービスにも使いやすい仕様やガイドラインを押さえておこう。

滝川洋平

多様化している現在の閲覧環境

画面設計やデザインに入る前に、これから作るWebサイトはどのような環境で閲覧されるのかを想定し、あらかじめ対象とする環境と、サポート対象外とする環境を定めておこう。今日のWeb制作の現場では、CSSやHTMLに加え、JavaScriptのライブラリを駆使して制作を行うため、対応範囲とする環境の違いが対応できることや工数に影響する。

また、モバイル環境でのユーザー比率がPCユーザーを上回り、一般的なブラウザだけでなく、アプリ内ブラウザで閲覧されるケースも想定しなければならない。そのため、ペルソナやカスタマージャーニーマップ（52～54ページ参照）で想定されたターゲットユーザーを踏まえ、閲覧環境は何が最適なのかを理解し、特殊な環境に実装が引きずられないようサポート範囲を取捨選択するためのリサーチも欠かせなくなっている。

現在、対応すべきブラウザとは

去る2022年6月15日にInternet Explorer11のサポートが終了した。これにより多くのユーザーが使用しているWindowsPCにおいては原則としてIEが使用できなくなっている。これにより、長らくWeb開発者を悩ませたIEの呪縛は終わりを告げることとなった。

そのため、現在では最低限Google Chrome、Safari、Firefox、Microsoft Edgeなどのモダンブラウザの最新版をサポートすることが一般的である。

ブラウザの対応状況

しかしながら最新のHTMLタグや属性、CSSの機能のサポート状況は各ブラウザやバージョンによってまちまちである。図1では、該当する技術を、ブラウザごと、さらにバージョンごとの対応状況を一覧できるので、

図1 Can I Use
HTML5、CSS3、JavaScriptなどの技術のブラウザごとの対応状況が一覧で把握できる
https://caniuse.com/

図2 Google Chromeデベロッパーツール
Google Chromeではデベロッパーツールを起動すれば、PCブラウザでもスマートデバイスでの見映えを確認できるが、実機でなければどうしてもわからない部分があるため、ツールだけに頼らないようにしたい

実現したい仕様からブラウザごとの対応状況を確認することで、サポート対象のブラウザを絞り込んでみよう。

スマートデバイスへの対応

総務省の『令和3年版 情報通信白書』によると、世帯におけるスマートフォンの保有率は8割を超え、PCとスマートフォンでインターネットの利用率を比較すると、スマートフォンからのインターネット利用がPCのおよそ1.4倍にのぼっている。みなさんが管理しているサイトのアクセス解析状況もモバイルのトラフィックが過半数ではないだろうか。

また、今日のGoogleの検索アルゴリズムは、モバイルファーストであることが検索順位を評価するうえで前提条件である。そのためまずはモバイルファーストの観点に立脚し、ターゲットブラウザというよりも、推奨環境という観点で、動作保証ブラウザを絞り込んでいくのがよいだろう。

モバイルデバイスにおけるブラウザチェック

スマートフォンの普及によってWeb制作の現場には新たな頭痛の種が生まれた。それはモバイルデバイスでのブラウザ動作テストだ。

特にAndroid環境は、デバイスメーカーが複数存在するため、解像度や処理速度などのハードウェアによる差異や、ブラウザの実装による固有のバグなどが潜んでいることがある。また、アプリ内ブラウザでの対応も考慮する必要がある。

しかしながら実際問題、すべての端末やアプリ内ブラウザのチェックやチューニングを行うことはコスト面や工数面で困難だ。ベロッパーツールで最低限の確認をしつつ 図2 、Googleが販売するPixelシリーズのようなリファレンス機でのチェックに限定したり端末シェアを調査して 図3 、Galaxyシリーズのような高いシェアを占めている端末に絞って対応していくことが現実的であろう。

制作会社はスマートフォンに限らず、あらかじめ動作保証環境とテストする環境を明示しておくと、のちの動作環境に起因するトラブルにも対応できる。

Webの標準規格

Webサイトを構成するHTMLの標準規格は、今まではW3C（World Wide Web Consortium）という非営利団体によって策定されていたが、2019年5月にWHATWG（ワットワーキンググループ）が策定するHTML LivingStandardによって策定されることになった。WHATWGはApple、Google、Microsoft、Mozillaのブラウザーベンダー大手4社が構成する業界団体で、HTMLのほかに、DOMも策定を行っている。

これら標準規格に準拠することには次のようなメリットが見込まれる。

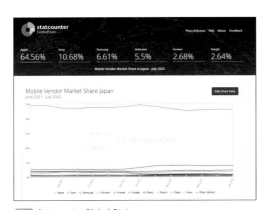

図3 Statcounter Global Stats
モバイルデバイスベンダーのマーケットシェア情報
https://gs.statcounter.com/vendor-market-share/mobile/

Firefoxのサポート対象外化の流れ

IEが正式にベンダーサポートの終了を迎えた中、Firefoxがサービスサイドで動作対象外となる動きが起きている。かつては国内シェア2位、全体の2割強まで勢力を伸ばしていたブラウザが6%弱（本稿執筆時点）と大きくシェアを落としていた中ではあるため、対応コストを考慮すると致し方ない部分もあるのは確かである。

これによりFirefoxの開発が長期的に終了してしまうことになると、ブラウザのレンダリングエンジンの灯がまたひとつ消えてしまう。この流れは収斂進化になるのか、多様性を失うことでの硬直化につながるのかはわからないが、注視しておきたいトピックである。

- 検索エンジンへの最適化
- アクセシビリティの確保
- データ軽量化による読み込み時間の短縮
- メンテナンス性の向上

同時にセマンティックな構造が得られ、SEOにも有利である。

バリデーションサービスでチェックする

W3Cでは、制作したHTMLファイルの構文をチェックするバリデータを提供しており、制作物の準拠状況をチェックできる。しかし、必ずしもバリデータに準拠しなければならないわけでもない。

昨今のWebサイトは外部サービスと連携したり、ブラウザやデバイスごとにチューニングを行ったりする。それらの要件を満たしつつバリデータで満点を取ることは不可能に近い。できるだけよいWebサイトを提供するためのチェックポイントとして活用してみよう。

検索エンジンへの準拠

ユーザーがWebサイトを訪れる経路として、検索エンジンからのトラフィックは大きな割合を占める。検索順位を上位表示させるSEOは検索エンジンのガイドライン 図4 に従うのが大前提だ。コンテンツに関するガイドラインも提供されているので、事前に読んで企画に役立て、設計のフェーズ、公開前のテスト項目にも加えよう。

図4 Google「ウェブマスター向けガイドライン」
https://support.google.com/webmasters/answer/35769

ユーザーがシェアしやすい作り

検索流入のほかに、トラフィックで高い割合を示すのがソーシャルサービスからの流入だ。ユーザーにコンテンツがシェアされるということは、企業サイトのコンテンツが外部のタイムラインに出張することになり、企業情報が人々の手によって拡散されていくこととなる。使える情報があると、人々はそれを自分のタイムラインに持ち帰ってくれるようになるため、シェアされやすいコンテンツを保有することはソーシャル時代では欠かせない。

また、Slackに代表されるビジネスチャットツールのような、クローズドな環境でもシェアされるケースも増えてきている。

そのため、シェアされたURLのタイトルや概要などをタイムライン上に展開して表示させるためのOGP（Open Graph Protocol）図5 ももれなく整備しておきたい。

OG:TYPE	Webサイト自体なのか、個別ページなのか
OG:TITLE	❶ページのタイトル
OG:DESCRIPTION	❷ページの概要文
OG:URL	❸ページのURL（絶対パスで指定）
OG:IMAGE	❹タイムラインに表示されるアイキャッチ画像
twitter:card	タイムラインに表示される画像のサイズ
twitter:site	ページに関連するTwitterアカウント名

図5 OGPの概要
OGPはFacebookやTwitterなどのSNSサービス上でWebページの内容を伝えるために定められた規格で、これらを設定しておくと、URLがタイムラインでシェアされた際に、指定した通りのタイトルや説明文、画像などが表示できる

最低でもタイトル、概要文、イメージ画像を揃えたOGP要素はコンテンツごとに用意するようにしよう。

シェアボタンの設置

SNSへのシェアを促進するために、ツイートボタン（Twitter）、いいね！ボタン（Facebook）の設置も検討しておきたい。サイトを利用するユーザーの属性に合わせてLINEボタンやLinkedInボタンなど、ユーザーのペルソナに合わせたサービスのシェアボタンの設置も効果的である。

しかしながら近年はシェアボタンを使用せず、ブラウザの機能でシェアしたり、URLをそのままコピーしてシェアしているとみられるケースも多い 図6 。そのためシェアボタンに頼らず、「ユーザーがURLを拡散しやすい環境を用意する」という観点で、URLをコピーするボタンの設置もおすすめしたい。

義務化されたWebアクセシビリティ

2021年に障害者差別解消法が改正され、行政機関のWebサイトに留まらず、民間のWebサイトもWebアクセシビリティ基準の達成が努力義務から義務に昇格された。

そのためWeb制作者にとってWebアクセシビリティは必須知識となった。総務省『みんなの公共サイト運用ガイドライン（2016年版）』（https://www.soumu.go.jp/main_sosiki/joho_tsusin/b_free/guideline.html）と、ウェブアクセシビリティ基盤委員会（https://waic.jp/）にはひと通り目を通しておきたい。

WebコンテンツJIS対応

Webアクセシビリティ基準の達成のためには、Webアクセシビリティ規格「JIS X 8341-3：2016」への準拠が手がかりとなる。

この規格はWebコンテンツのアクセシビリティの確保を目的としたJIS規格で、Webアクセシビリティの国際規格であるISO/IEC 40500:2012（WCAG 2.0）と完全一致するため、JIS X 8341を満たせば、国際的なアクセシビリティ基準もカバーできる。これらは、高齢者や障害者などがWebコンテンツにアクセスし、内容を把握して操作できるようにするための配慮である。

Webアクセシビリティ規格のJIS X 8341に準拠することは、肢体・視覚・聴覚に障害を持つ人だけでなく、Web利用するすべての人の利便と安全性を確保することになる。詳しい内容は、情報バリアフリーポータルサイトを参照してほしい 図7 。

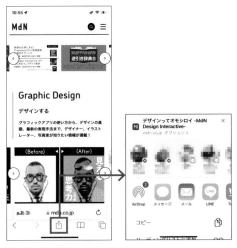

図6 **Safari（iOS）の共有ボタン**
Safariでは、Webページを直接さまざまなアプリやサービスへシェアできるようになっている。シェアボタンもどのような文脈で利用されるのかを考えて設計しよう

図7 **情報バリアフリーポータルサイト**
規格番号8341は、「やさしい」の語呂合わせ
http://jis8341.net/

CHAPTER 1

07 社内ディレクターの役割と必要なスキルセット

会社と制作会社との接点になる社内Webディレクター。制作会社にディレクションを丸投げするだけの
Web担当者にならないために、その心構えと必要なスキルセットとは何かを考える。

滝川洋平

事業会社の社内ディレクターの役割

　企業と生活者をつなぐコミュニケーションの手段として、Webやアプリが欠かせないものになって久しい。しかしながら、それらの媒体の制作や運用を自前で賄えるリソースを持つ会社は多くない。そのため、多くの運用の現場において、Web制作会社や広告代理店、あるいはコンサルティング会社などのさまざまな協力会社の力を得て制作と運用、さらには解析を行っている **図1**。

　ここで会社と制作会社との接点になるのが事業会社の社内Webディレクターである。実務で実際の制作に

あたる制作会社のWebディレクターと協力して、プロジェクトをゴールへ導くことが役割となるが、制作会社のディレクターにバトンを渡すまでにどれだけ自社の将来を見据えたプランニングができるかは社内ディレクターの腕にかかっている。

事業会社の社内ディレクターのミッション

　事業会社の社内ディレクターは端的にいうと、Web（技術）を利用して社内やビジネスにおける問題解決をするリーダーである。

　担当するサイトがECサイトであれば売り上げの向上

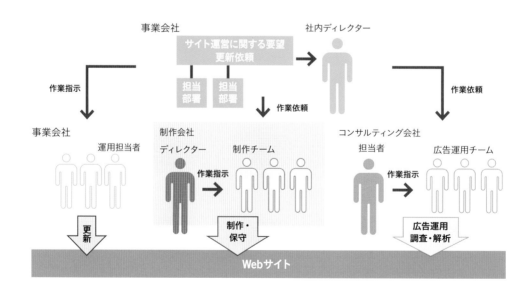

図1 社内ディレクターの役割と立ち位置

を、サービスサイトであればPV向上や滞在時間を延ばすなど、さまざまな目的や課題があるなかで、達成のための手段は、ブラウザやアプリケーションなどのスクリーンの上だけに留まる必要はない。

Web上で完結するワークフローだけではなく、自社が提供するサービスを、Webの技術を利用し全体最適化を図るという心構えで課題に取り組むことが社内ディレクターのミッションであるといえる。

事業会社の社内ディレクターに必要なスキルセット

前述のようなミッションを遂行するには、すでに把握している課題はもちろんのこと、社内の声を汲み上げて顕在化していない問題を発見したり、運用に当たってのチーム作りなどのファシリテーションスキルも社内ディレクターに必要なスキルになるだろう。ファシリテーションスキルや、課題を解決するためのプランニング力、そして限られた予算やスケジュールのなかで、適切な協力会社と協業してプロジェクトを遂行する折衝能力。効率がよい運営方法を決め、ルーチンに落とし込める設計力……。このほかにも、アクセス解析からサイトの効果を測定できる分析力、それをもとに改善策を立てら

れる洞察力、もしかしたら社内政治に打ち勝つヒューマンスキルも必要になるかもしれない。

こうしてみると、社内ディレクターに必要なスキルは制作会社のディレクターに必要なスキルと大差ないが、進行管理などの実作業よりもプランニング方面のスキルが求められる傾向が強く、制作会社のディレクターよりもプロデューサー寄りの職能が求められるだろう 図2 。

社内ディレクターとして一番大切なこと

一度Webサイトが公開されてしばらくすると、日常的な運用・更新は行われている状態が良くも悪くも当たり前になる。そして次第に、社内ディレクターは100％の仕事をしていたとしても停滞していると思われてしまうようになる。

なぜならリニューアルプロジェクトや、新サイトローンチやキャンペーンプロジェクトなどの変化や成果は伝わりやすいが、恒常的なブランドサイトの改善プロジェクトや内部的な施策は、他部署には成果が見えづらいからだ。日常的な運用・更新は当然のもの。だからこそインターナルコミュニケーションが重要になる。

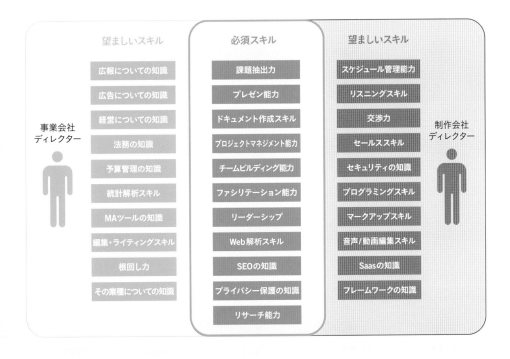

図2 **事業会社と制作会社のディレクターのスキルセットの違い**
Webディレクターとしての職能は同じ。重きを置くポイントが異なる

08 Webサイトのミッションと ゴールの確認

Webサイトにはさまざまな種類があり、サイトの性質によってユーザーとのコミュニケーションは変化する。
「誰に向けた」「何のため」のプロジェクトなのかをチーム全員で明確にしておこう。

滝川洋平

何のためのサイトなのかを明確にする

Webサイトのプロジェクトが立ち上がる背景には、企業がビジネス上の何らかの課題を解決したいという目的がある。

しかし一方で、「新サービスや商品が発表になるからとりあえずWebサイトを作らなくちゃ」だとか、「以前リニューアルを行ってからしばらく経過したから、またそろそろリニューアルをするか」というような、明確な目的意識がないままにWebサイトのプロジェクトが生まれていることも確かだ。

企業の戦略のひとつとしてWebサイトに求められているミッションが明確であれば、それに従った企画作りや提案を行えばよいのだが、そこがあやふやな場合、Webディレクターは根気よくヒアリングを行って、ミッションを明確にする手助けをする必要がある 図1 。

Webで解決したい問題とは何なのか

Webサイトを利用して解決したい問題とは何なのか、解決手段はWebサイトでなければならないのかという点に立ち返って考えてみてほしい。よくある例として、

- 売り上げ増
- 店舗への来店率向上
- 会員登録数増
- 企業やブランドのイメージ向上
- リードの獲得

などの目的が挙げられるが、これらの目的を企業はWebサイトを通して、どう達成しようとしているのか。

そういった「目的」≒「ミッション」が達成できているかを測るためにも、達成度合いが測定できるように数

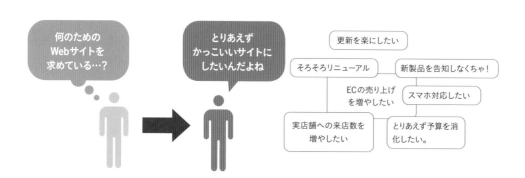

図1 Webサイトのミッション
Webディレクターは、根気強いヒアリングでクライアントの本当の要望(ミッション)を洗い出す必要がある

値化したKGIを定め、そこに至る過程を把握するために小さなゴールを複数段階に分けて設定するKPI（165ページ参照）を用意することが重要だ 図2 。

制作途中でブレないために

最初に目的と目標を明確にして共有しておけば、企画や開発が進行してからクライアント側の現場や役員レベルで要望がブレはじめ、意思決定に惑いが生じたとしても、明快に説得できるはずである。

もちろん、ブレはじめる前に目的や目標が会社内で共有されていなければ意味がない話になってしまう。そこで、あらかじめ目的や目標は社内で合意をとっておきたい。

社内プレゼンでミッションとゴールの共有

一般的な企業であれば、プロジェクトが正式に走り出す前に社内の決裁を通す必要があるだろう。そういった社内プレゼンの場で、「このWebサイトは何のために作るのか？ なぜやっているのか？」といった問いに対する明快な回答を用意し、コミュニケーションを図って

おくことが重要となる。

その際に、サイトの性質によって理解を得にくいプロジェクトもあり得るだろうが、そういった場合でも、可視化できる細かいKPIだけにとどまらず、未来像を含めて、会社としてサイトで何を実現しなければならないか、将来的に何を行わなければならないかを共有しよう。

図2 ミッションとゴール
プロジェクトのミッションという大目標を達成するためには、細かなチェックポイントを設定し、小さなゴールを積み重ねていくことが大事。千里の道も一歩から

バズらせたあと、どうするの？

SNSでの拡散や話題化は、Webマーケティング上欠かせないものとなっている。そういった状況からか多くのフォロワーを持つインフルエンサーを起用してキャンペーンを企画したり、SNSを活用した懸賞企画などを多く見かけるし、いかにタイムライン上でバズらせるかに終始した施策が世に溢れている。しかし「Twitterでバズを起こす」とか「Instagramのフォロワー数を増やす」といったキャンペーンによる短期的な露出施策では、生活者は動かなくなってきている。
仮にキャンペーン開始時にSNSで一時的に大きな反響を得ても、多くの場合はそのままキャンペーンが終了する。KPIに設定した「いいね」やリツイート数は達成しても、売り上げや集客に有意な差が見られなければ、成功とも失敗ともつかない結果だけ残る 図1 。
そうならないためにも、効果のない一過性のバズにとらわれ「手段の目的化」させないためには、何のためにユーザーはSNSアカウントをフォローするのか、という

ことを考えなければならない。
重要なことは、企業内部でのコミュニケーション、すなわちインターナルコミュニケーションを活性化させ、SNSキャンペーンの目的（＝ミッション）と目標（＝ゴール）を定めておき、制作会社を含めた社内外のステークホルダーで合意形成したうえでプロジェクトに臨むことだ。

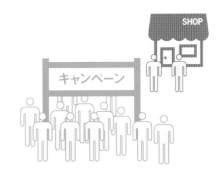

図1 何のためのキャンペーンだっけ？
キャンペーンがバズったけどコンバージョンに結び付かない

CHAPTER 1

09 内部組織の権限や
伝達方法の把握

事業会社の社内ディレクターは、制作会社から見るとクライアントにあたる内部組織をマネジメントし、
プロジェクトを推進させていく。ここでは適切に社内調整を行うための考え方について解説する。

滝川洋平

クライアント企業側の合意形成のために

規模の大小はあれど、Web制作のプロジェクトは、クライアント企業全体が関わるべきプロジェクトである。なぜならWebサイトは、クライアント企業の課題解決ツールのひとつであると当時に、「企業の顔」という性質を持っているからだ。

そのため、Webサイト制作プロジェクトはクライアント企業としての意思統一が必要になる。社内ディレクターはそこで舵取りとして腕を振るうのだが、当然ながらクライアント企業側の担当部署やディレクタ　がすべての権限を持っているわけではない。

関係部署や担当役員など、内部組織でコンセンサスを取る、いわば調整役としての立場が社内ディレクターには求められる。

承認ラインの明確化

Webサイト構築プロジェクトのさまざまなフェーズにおいて、クライアント内部で行うべき調整事項は数多く存在する。

クライアント側の確認や承認が円滑に行われなかっ

たことで、納期が遅れたり、プロジェクトが暗礁に乗り上げることも起こりえる。そのしわ寄せは制作サイドに行ってしまうことがほとんどだ。

図1 に示した段階や成果物は、権限者による意思決定や稟議が必要なものの一部であるが、円滑にプロジェクトを進行するために内部組織での速やかな承認がとりわけ重要となるものを挙げた。

そのため、プロジェクトにおけるレポートラインを社内ディレクターが把握しておくことや、マネジメント層におけるプロジェクトの責任者・承認者をプロジェクトスタート前に定めておくことが大切だ。

社内プロジェクトチームの立ち上げ

クライアント企業の社内WebディレクターやWeb担当部署は、プロジェクトにおいてクライアント側と制作会社との接点である。そのため、ここで調整ミスや確認漏れなどの機能不全を起こしてしまうと、たちまちプロジェクトの雲行きは怪しくなる。

このようなトラブルの芽は、組織内部で十分なコミュニケーションが行われていれば、未然に摘み取ることができるので、プロジェクトの立ち上げと同時に、社内でプロジェクトについての委員会組織を発足するのもひとつの手だ。

プロジェクトの立ち上がり時期は、関係各所や現場本位の要望や意図を汲み上げたり、ユーザーファーストのサイトを構築したりするように、ボトムアップでプロジェクトを進めることが肝要であった。だが、実際に制作フェーズに入ってしまうと、関係者の要望や意思を統一することは困難になる。役員レベルでのトップダウンの情報共有を図れるようにするためにも、社内プロジェク

企画関連	ビジネスモデル、サイトのミッション、プロジェクトのゴール、マイルストーン
成果物関連	サイトデザイン、サイトの構成
プロジェクト関連	運用体制、スケジュール、予算感

図1 承認を取るべき局面

トチームは有効だ 図2 。

内部組織での情報伝達

　制作会社内部や、クライアント企業と制作会社の間でのやり取りは、BacklogやGitHubなどの管理ツールやSlackなどを使うことで情報管理を効率的に行えるようになっている。だが、内部組織の情報管理において、特にWeb制作のプロジェクトのために全社的に新しいツールを導入するのは現実的ではない。

　会社の規模によってどのような手段で連絡を取っているかはさまざまであるが、日々使用されているツールを用いて連絡することになるだろう。

　すでにサイボウズやガルーンなどのグループウェアを利用していれば、プロジェクト専用のグループを立ち上げてプロジェクトメンバーで運用していけばよいが、そのようなツールを利用していない組織においては、メールベースでやり取りするよりも、プロジェクト専用にSlackのワークスペースを立てることも検討したい。ツールに

ついては、128ページにて詳しく解説しているので確認してほしい。

　どのようなツールで情報共有するにせよ、制作会社との接点となる社内ディレクターや担当部署は、内部組織で通じるように専門用語を一般用語へ翻訳し、わかりやすく展開(共有)することが、情報伝達において大事なことである 図3 。

割り切りと最適化を心がける

　本節冒頭で述べた通り、Webサイトは、企業の顔であって、内部組織の要望や希望が反映されているべきであることは間違いない。しかし、ビジネスツールでもあるため、すべての要望を取り入れた幕の内弁当のようなものにする必要もない。

　心がけとしては社内のすべての人間の合意を取ることをおろそかにしてはならないが、企業の課題解決という本質から遠のくような各論の意見要望については、割り切って対処していくことを忘れないでおこう。

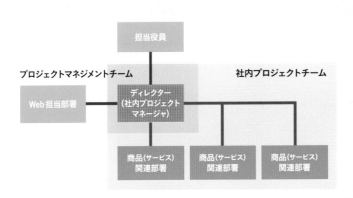

図2 プロジェクトチームの概念図
社内ディレクターは実作業においても、意思決定においても内部組織のハブとなる。担当しているプロジェクトがトップダウン、ボトムアップどちらであっても、全体の最適化が図れるようにプロジェクトを俯瞰できるようにしておきたい

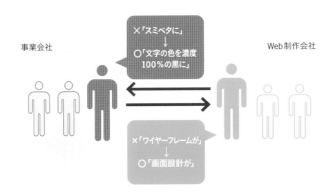

図3 ツール上の情報や、専門用語を変換して内部に伝える
常に正式名称で表記したり発言したりする必要はないが、専門用語の意味が伝わらないうちは、単語の定義を明確にして発言したい

CHAPTER 1
10 事業者と業務委託会社の担当範囲

クライアント企業と制作会社間で担当範囲の所在が不明瞭になり、ミスコミュニケーションが生まれることもある。そのような事態を防ぐためにも、それぞれの担当範囲を明確にしておこう。

滝川洋平

それぞれの立場の役割を確認する

プロジェクトがキックオフしたら、制作会社側のディレクターによるヒアリングや、課題解決のための企画立案などを経て、実際に企画や制作に入っていくことになる。プロジェクトを成功に導くためには、それぞれの立場が受け身の姿勢にならぬよう、クライアント側・制作会社それぞれが主体的に役割をまっとうしなければならない。

「えっ、それやってくれないの?」だったり「それはうちの仕事じゃないでしょ」といった状況に陥らないよう、担当範囲を明確にしておこう。

制作会社にどこまで依頼をするか決める

Webプロジェクトを立ち上げるにあたり、自社で制作能力を持たない事業会社は、Web制作会社の協力を仰いでプロジェクトをゴールへと導いていくことになる。

そこでまず考えなければならないのは、プロジェクトを行う上で、自社が行う範囲を明確にしておくこと。クライアント側社内にマーケティングチームが存在する場合や、広告代理店にコンサルティングを委託している会社では、市場調査や競合分析などを行い、戦略立案まで行った上で、制作部分だけ制作会社に依頼したいというニーズがある。逆にWebにおけるビジネスについて何もわからないからそういう部分が得意な制作会社に、戦略立案から運用設計までのすべてをお願いしたいというニーズで相談することもあるだろう。

制作会社によって得意とする領域はさまざまであるため、ヒアリングの段階でクライアントのニーズを受けて作業の分担を明確にし、受け持った業務がボトルネックとならないようにしたい。

Webプロジェクトのタスク

Webサイトの構築にまつわるタスクは、大まかに以下のフェーズとタスクに分類される 図1 。

クライアント側に広告代理店やコンサルティング会社が入ってくる場合や、制作側がさらに外注を行うといったようなケースも一般的で、プロジェクトの規模が大きくなればなるほど、作業分担は複雑になってくる。

だからこそディレクターは、どの部分をどこが担当す

マーケティングフェーズ	設計フェーズ	制作フェーズ	運用フェーズ
ヒアリング	要件定義	デザイン制作	コンテンツ制作
市場調査	画面設計	システム開発	保守
競合分析	運用設計	マークアップ	契約管理(ドメインやサーバーなど)
戦略立案		テスト	更新業務
			マネタイズ
			運用解析
			広告運用

図1 Webサイトの構築にかかわるタスク

るのか、それぞれのプレーヤーがオーナーシップを持って自立的に課題に対処していけるようマネジメントしなければならない。

複数の制作会社への発注時の注意点

制作会社にとって、デザインや設計、開発など得意とする領域はさまざまだ。クライアント側からすると、ひとつの会社で解決するワンストップの体制はコミュニケーションにおいても、経理上においても便利であるが、複数の制作会社と協力してプロジェクトを推進しなければならないケースもある。

そういった場合に起こりうる問題点として、プロジェクトの舵取りと担当範囲の責任が挙げられる。

複数社へ発注する際の舵取り

プロジェクトの責任を担う制作会社が協力会社として別の制作会社を使用する場合であれば、プロジェクトの舵取りを行うのも、公開後に何らかの問題が発生した場合もクライアントと業務委託契約を行った会社が対処することになる。

クライアント承知のもと、発注先が外注を使用するという体裁になるが、その新たな外注制作会社の監督責任はクライアントと業務委託契約を行った会社に発生するのが一般的であるからだ。

この場合は特に大きな問題は発生しないが、逆にクライアント側の都合で予め複数社に発注する場合は注意しよう。

こうしたケースでは、プロジェクトチームの発足時点

で十分コミュニケーションが取れていないと、プロジェクトが途中で空中分解することも起こりえる。

幹事会社を決める

クライアント都合で複数社を立てなければならない場合の理由に、経理面・システム面の都合がある。

使用するパッケージアプリケーションによっては、ライセンスの都合でベンダー指定の認定業者に導入支援を発注しなければならないものも珍しくない。

そうした場合は、デザインと開発をそれぞれ分けて発注してプロジェクトを進めることになる。その際のクライアント側担当者の役目は、プロジェクトのイニシアティブを取るディレクターを明示的に定めつつ、プロジェクトのオーナーであるという意識を持って主体的に関わることで発注先同士がコミュニケーション不全に陥らないようにすることだ 図2 。

運用時の追加対応について定める

デザインと開発を分けて発注した場合、運用フェーズにおいて運用契約を結ばなかった会社が担当している領域に追加対応の必要性が生じたケースの対応についても、予め想定しておく必要がある。

デザインの修正の場合は、予め追加改修について想定した契約を結び、修正用にテンプレートとなる元データとデザインガイドラインを納品するようにすれば対応可能だが、バグなどのシステムのトラブルとなった場合の緊急対応は、クライアント側の担当者が対処できるようにコミュニケーションパスを保持しておくようにしよう。

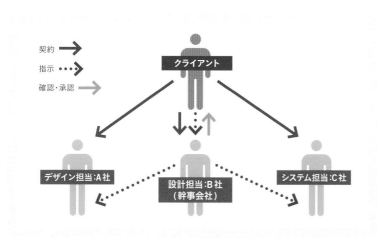

図2 複数の制作会社による制作
幹事会社を決めることで確認や承認が一本化できる

契約 ▶
指示 ▪▪▪▶
確認・承認 ▶

クライアント

デザイン担当:A社
設計担当:B社（幹事会社）
システム担当:C社

CHAPTER 1

Cookie規制と 個人情報保護の潮流

個人データの取り扱いにおける取り組みは、世界的に生活者が個人情報を自身のコントロール下に置く
方向へと発展している。Cookie規制など、個人を特定するテクノロジーの取り扱いの変化を理解しよう。

滝川洋平

個人情報保護の世界的潮流

2016年に欧州にてGDPR（EU一般データ保護規則）が
発効し、続いて2018年に米国のCCPA（カリフォルニア州
消費者プライバシー法）が制定され、世界的に生活者のプ
ライバシー保護に関する法整備が進んでいる。日本に
おいても2022年4月に改正個人情報保護法が施行さ
れ、個人情報の取り扱いのルールの理解が運営側、制
作側にも求められるようになった。

GDPRにおける個人情報保護の主眼が情報漏洩を
防ぎ、データを保護することであったのに対し、CCPA
では取得された個人データの取り扱いについて、生活
者が自分に関する情報を意図せず利用されることを防
ぎ、自身のコントロール下に置くことを目的としている。

このことから、個人情報の取り扱いについての透明性
と厳格な管理体制がWebサイト運営者に求められるよ
うになり、それらに即した対応が求められている。

Cookie規制と改正個人情報保護法

Webサイトの訪問者のログイン情報や閲覧履歴など
の情報を、ユーザーの閲覧環境に一時的に保存する仕
組みまたはデータがCookie（クッキー）である。これを利
用してユーザーの特定や、コンバージョンの測定などに
活用している。法改正前までは個人情報保護法の対象
外であったCookieだが、改正後は「個人関連情報」とい
う新たな定義の中に位置づけられることになった。

ファーストパーティCookieとサードパーティCookie

そして、今回の改正では、サードパーティCookieが規

制の対象となる。ユーザーがアクセスしているWebサイ
トのドメインから発行されるCookieはファーストパーテ
ィで、ログイン状態や閲覧履歴の維持に利用される。

サードパーティCookieは、ユーザーがアクセスしてい
るWebサイトのドメイン以外から発行されるCookieであ
る。ユーザーが閲覧した複数のWebサイトから行動履
歴を収集し、広告配信やMAツールなどに活用される。
今回の法改正では、Cookieが個人関連情報のひとつに
位置付けられたことで、第三者提供を行うサードパーテ
ィCookieが規制対象になったのである。

また、個人情報保護法は3年ごとに制度を見直す規
定があるため、次回の法改正ではよりルールが厳しくな
ることも予想されることを理解しておきたい。

個人関連情報

個人関連情報とは「生存する個人に関する情報では
あるが、個人情報や個人情報を加工し作成された情報
に当てはまらないもの」が該当する（37ページの 図2 を参
照）。

基本的には個人関連情報自体に規制はなされていな
い。しかし、個人関連情報を第三者に提供する場合、
個人関連情報の提供元は、第三者である提供先が保
有する個人データと紐づけられる場合、提供先におい
てユーザー本人の同意が得られていることを確認し、記
録する義務がある。

個人関連情報の名寄せ

複数のWebサイトに設置してあるCookieを使用し、
IDで個別に管理しているユーザーデータベースを保持

し、それらのユーザーの閲覧履歴を提供し、適切な広告を配信するターゲティング広告を提供しているA社のデータと、ユーザーの個人データベース内にA社と同じ同じIDを持つB社のデータを突き合わせると、B社はIDから個人データと閲覧履歴を名寄せして紐づけが可能になる  図1。

このような場合、A社の個人関連情報の提供先であるB社は、Webサイト上でユーザーに対し、Cookie利用に対する同意の確認が必要になり、個人関連情報の提供元であるA社はユーザの同意がなされているかB社に確認する義務が発生することになる。

同意の手続き

今回の個人情報保護法改正では、同意の取得手続きは特に明確な規定はないものの、ユーザーの明示的な同意が必要となる。Webサイトの訪問時に表示されるCookie設定の表示ダイアログなどで同意を取得する方式が一般的な方法のひとつだ。

また、海外での同意取得手続きの対応については、GDPRではオプトイン形式で、CCPAではオプトアウト形式を取っているため、オプトイン・オプトアウト両方の手続きが行えるように整備することが望ましいだろう。

同意管理プラットフォームの利用

しかしながら、オプトインもオプトアウトもサイト側でCookieの設定をコントロール可能な機能の実装は容易ではない。そのため同意管理プラットフォーム（CMP：Consent Management Platform）を導入して対処することも検討したい 図2。

Cookie利用の設定をユーザーが詳細に設定できるものもあり、Googleタグマネージャーと連携して同意がない場合にはGoogleタグマネージャーがタグを配信しないという設定も行える。

ITPによる規制とサードパーティCookieのブロック

SafariのITP（Intelligent Tracking Prevention）実装のように、サードパーティCookieはブラウザ側でブロックされる流れになっている。本稿執筆時のITP2.3の時点で、サードパーティCookieの即時ブロック、ファーストパーティCookieも最長7日間で削除され、場合によっては24時間で削除されてしまうように保存条件が厳しくなっている。またローカルストレージも削除対象となり、ユーザーのトラッキングが困難になっている。

Google Chromeにおいても、2023年中に段階的に廃止するというアナウンスを行っており、今後も注視が必要な状況であるので注意深く見守っていきたい。

COLUMN

Googleアナリティクスの対応

Googleアナリティクスが測定のために使用するCookieは計測タグが設置されているWebサイトのドメインから発行するため、一般的にはファーストパーティCookieに分類される。そのため今回の改正個人情報保護法においては規制対象外であるが、GDPRやCCPAにおいては規制対象であるため、オプトインやオプトアウトに対応できるようにする必要がある。

図1 個人関連情報のCookieと個人情報になるCookie

図2 OneTrust
https://privtech.co.jp/service/trust360/

法令遵守と利用規約、プライバシーポリシー

CHAPTER 1 12

自社が提供しているサイトに合った利用規約やプライバシーポリシーを整備しておくことは、Web事業の継続性を担保する上で大切なポイントである。

滝川洋平

会社やサービスを守るための文書

WebサイトやWebサービス、ECサイトを作るにあたって、おろそかにしてならないのは利用規約などの法令遵守に関わる部分だ。

先行しているサービスがあるから自社も同じようなサービスを提供しても大丈夫だろうだとか、どうせ誰も読んでいないだろうから利用規約は間に合わせでよいだろうという姿勢では、いつか起こり得るトラブルの際に後悔することになる。これらの規約などの法令やプライバシーに関するドキュメント類はユーザーの権利を制限するものではなく、トラブルなどのリスクを回避して、会社やサービスを守るものなのだ。いざというときのために、あらかじめ備えておきたい。

インターネット上の取引に関する法令遵守

「利用規約(サイトポリシー)」、「プライバシーポリシー(個人情報保護方針)」、「特定商取引法(特商法)に基づく表記」というWebサイトに最低限掲載すべき3つの文書を用意する前に、インターネットやデジタル上での商取引などに関連する規則として、「電子商取引及び情報財取引等に関する準則」 図1 にまずは目を通しておこう。民法を始めとする現行法の多くは、このような電子商取引等を必ずしも前提として制定されているものではなく、電子商取引等への適用に当たっては、解釈が不明瞭な場合も出てくる。そこで経済産業省では、電子商取引等におけるさまざまな法的問題点について、現行法をインターネット上の取引等でどう適用するのか、その解釈を準則として提示している。Webサイトやサービスを提供するにあたって必ず一度は目を通して

おきたい文書だ。

文書の内容は社会情勢の変化に合わせて変更すべきだが、本質的な部分は変わらないので、自社内でも作成できるように、作成時のポイントを紹介する。

利用規約

ユーザーがWebを閲覧したり、何らかのサービスを利用する際に同意を求めるために表示される利用規約。同意する前に規約を確認したか否かのチェックボックスがあったり、規約の文章をすべてスクロールしなければ承諾ボタンが押せなかったりと、ユーザーに規約の文言を読ませるよう工夫されている。

これは、サイトの利用規約が契約に組み入れられると認められるためには、明示的に規約に同意を得られるようにしなければならないという見解が示されているためである。

図1 電子商取引の促進(METI/経済産業省)
https://www.meti.go.jp/policy/it_policy/ec/

そこまでしてもユーザーは規約を読まないかもしれない。しかしながら、クレームやトラブルなどが発生した際に、解決の手がかりとなるものが利用規約である。

ユーザーの行動を縛るという性質よりも、トラブルの対応時に企業やサービスを守るものと認識して、万全な環境を整えておきたい。

プライバシーポリシー

インターネットが社会的なインフラとして成立している現在、グローバル化やクラウドサービスの利用拡大、ビッグデータのような取得・分析される個人データ量の増加が進んでいる。前節で述べたように、個人情報の取り扱いについて、さまざまな国で法規制が進んでいるため、プライバシーポリシーにもより一層の注意を払わなければならない。

国内においては特定のユーザー個人を識別することができる「個人情報」と、位置情報や購買履歴などのユーザーの行動・状態に関する情報である「個人関連情報」の取り扱い方針を定め、「ユーザーがその内容を容易に知り得る」環境を整備する必要がある。

従来、個人情報は、「生存する個人に関する情報であって、当該情報に含まれる氏名、生年月日その他の記述などによって特定の個人を識別できるもの（ほかの情報と容易に照合することができ、それによって特定の個人を識別できることとなるものを含む）、または個人識別符号が含まれるもの」を対象にしたものがほとんどだった。しかし、複数の個人関連情報を組み合わせて個人を特定できるようになった現在では、位置情報や端末固有のIDなど、プライバシーに関わる項目もプライバシーポリシーの対象として考えることが一般的となっている 図2 。

特定商取引法に基づく表記について

運営しているサイトがECサイトだったり、有料のWebサービスだったりする場合は、「特定商取引法に基づく表記」を表示する義務があるので、こちらも合わせて対応しておきたい。消費者庁が運営する「特定商取引法ガイド」に一度は目を通しておこう 図3 。

こちらの法令は本来、「広告を行う際に表示すべき項目」であるが、販売ページが広告の機能も持ち合わせることにより、広告を行う際に該当するため表示義務が生じるためである。

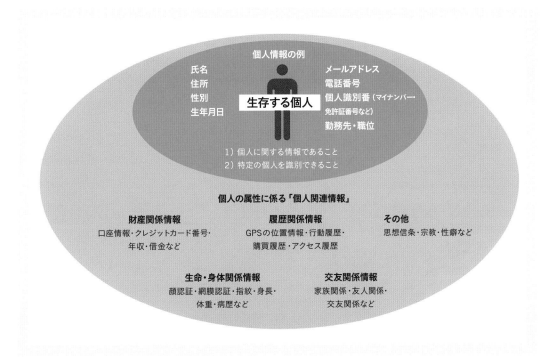

図2 個人情報とパーソナルデータの例
プライバシーは「個人情報」の取扱いとの関連に留まらず、幅広い内容を含むと考えられる

特定商取引法には次の項目を記入する必要がある。

1. 事業者名
2. 所在地
3. 連絡先
4. 商品などの販売価格
5. 送料などの商品代金以外の付帯費用
6. 代金の支払時期
7. 代金の支払方法
8. 商品などの引き渡し時期
9. 返品の可否と条件

　これらの表示は、専用のページを作成することは求められてはいないものの、運用のコストやユーザーへの利便性を考えて、一カ所にまとめておくことをお勧めしたい。

メール配信のオプトインとオプトアウト

　前節（35ページ参照）でも触れたが、ユーザーの同意を取るには、あらかじめ同意を求めるオプトイン方式と、ユーザーの同意は事前に得ずに、その後ユーザーが個別に拒否を行うオプトアウト方式がある。
　特にメルマガ配信などで留意すべきポイントが2017年の「特定商取引法」改正だ。広告や宣伝に関するメールを配信する際には、原則オプトイン方式で行うよう定められている。さらにオプトインで同意を得たユーザーであっても、受信者が容易に送信を解除できるよう、

送信者は解除方法や解除リンクをメール本文中に記載しなければならない。
　これに違反した場合は、1年以下の懲役または100万円以下の罰金（法人では3,000万円以下の罰金のほか、行為者が罰せられる）という罰則規定もある。
　ただし、取引関係にある相手に送るメールや、名刺交換を行った対象に送るメルマガなど、例外的にオプトアウトが認められているケースもある。詳しくは総務省が用意しているパンフレット「特定電子メールの送信の適正化等に関する法律のポイント」で、わかりやすく解説されているので必ず目を通しておこう 図4 。

自社で文書を整備するために

　本節で解説した各種文書は、本来はサービス運営者が用意すべき項目である。
　社内に法務担当が存在したり、顧問弁護士に相談できる環境であるならば、利用規約のたたき台を作り、法令に則した文書にまとめていけばよいのだが、小規模な現場ではそうも言っていられない場合もあるだろう。
　そのようなときは、制作会社にそれらの文書のひな形の提供をお願いしたり、弁護士事務所などで提供されている商用利用が可能なひな形をもとにしたりしたうえで、他社や先行しているサービスの規約を参考に自社にそった規約を作っていくようにしたい。
　他社の規約をそのまま流用してしまうと著作権侵害に当たる可能性があるため、あくまでどのような項目が必要なのかを提供者側の視点で考えることが大切だ。

図3 消費者庁が運営する「特定商取引法ガイド」
https://www.no-trouble.caa.go.jp/

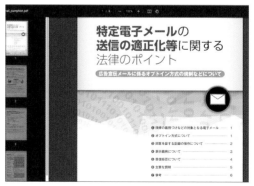

図4 総務省が配布する「特定電子メールの送信の適正化等に関する法律のポイント」
https://www.soumu.go.jp/main_sosiki/joho_tsusin/d_syohi/pdf/
m_mail_pamphlet.pdf

CHAPTER 2

企画

「企画」というとコンテンツ企画を思い浮かべがちだが、本書で扱う「企画」フェーズは、プロジェクト全体の課題設定や課題解決の手段を考えるプロセスそのものを指している。キックオフミーティングから、要件定義書などの作成までを解説していく。

CHAPTER 2
01 キックオフミーティングの重要性

キックオフミーティングは、これから始まるプロジェクトメンバーの顔合わせや情報共有のためだけではなくよりよいプロジェクトチームを作るための重要なプロセスのひとつだ。

滝川洋平

初めての打ち合わせキックオフミーティング

Webサイト制作プロジェクトの多くは、スタート時はスコープが明確に確定していなかったり、制作リソースの確保ができていなかったり、スケジュールが確定していなかったりといった不確定要素がある。

そういった情報を具体的に把握し、正しい方向へスタートを切るためにも、プロジェクト開始時にクライアントと制作会社双方の関係者で膝をつき合わせてキックオフミーティングを行うことに意味がある 図1 。

キックオフミーティングの場では、クライアントと制作会社の関係性を単なる受発注の関係から、プロジェクトをともに成功させるチームへと変革させていこう。

キックオフミーティングの目的

何ごとも最初が肝心である。目的意識もなくキックオフミーティングを行っても、単なるプロジェクトメンバー間での顔合わせに終わってしまう。

そうならないために、キックオフミーティングで行うべきポイントは以下の4つになる。

① ミッションやゴールの認識をすり合わせる

クライアントと制作会社との間で、対面でのやり取りを行うことで認識のズレ、解釈のズレを解消する。

人間は自分にとって都合のいい解釈を行いがちであ

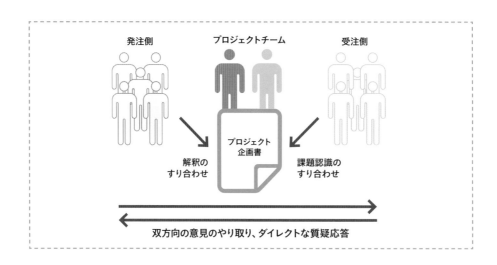

図1 **キックオフミーティングの役割**
ダイレクトなやり取りをすることで、スタート時点で課題を洗い出すこともキックオフミーティングの役割のひとつ

る。そして解釈がズレていると、目指すべきゴールもズレてしまう。ミスコミュニケーションによる悲劇を未然に防ぐためにも、認識合わせを対面で行うことが重要になってくる。

② メンバー全員が共有すべき情報をすべて確認する

プロジェクトの目的、サイトの概要、プロジェクトのスケジュール感、予算感などの重要事項をメンバーに開示して共有する。

キックオフミーティングまでに行った事前調査のデータなどを改めて並べて、共通理解や共通認識を作り上げる。

③ 確定事項と未確定事項を明確にする

しかしながらキックオフミーティング実施時点では、詳細な仕様や要件はおろか、スケジュールも確定していないこともある。

だからといって、すべてが決まってからキックオフミーティングを開催するのではなく、早めに開催することで決まっていることと決まっていないことを整理し、それぞれの未確定事項の処理担当を決めることにミーティングの意義がある。**図2** にアジェンダ例を挙げる。

④ 不確定要素からリスクを洗い出す

その一方で未確定事項の放置はリスクであることを理解しておこう。未確定事項は、コスト面やスケジュール面でトラブルとなりそうな項目を見分けるのに役立つ。未確定事項が把握できたら、そこからリスクを洗い出し、問題解決を図ろう。

キックオフミーティングの効能

プロジェクトをよりよい方向に進めるためには活発なコミュニケーションが必要だ。コミュニケーションのための関係作りとしても、スタート時の対面コミュニケーションは有効である。そのため可能な限りクライアント側、制作会社側双方のプロジェクトメンバーが集まって開催することを推奨したい。

発注サイドもどのような人たちが自分たちのサイトを作ってくれるのか、顔が見えることで信頼関係を作りやすい。同様に制作会社サイドにおいても、クライアントの社内のどのような人が自分たちの技術を必要としているのかがわかるからだ。

こういった小さな「気持ちの問題」も、モチベーション作りには有用となるので、対面コミュニケーションの機会は大事にしよう。

---

①**本プロジェクトの目的・目標について（10分）**
プロジェクトの目的や目標をメンバー全員で共有しておく

②**サイトの概要・システムについて（20分）**
どのようなターゲットに向けた、どのような構成のサイトで、どんなシステムを開発するのかをわかりやすく共有する

③**本プロジェクトのスケジュールについて（10分）**
開発期間やテスト期間、ローンチ時期などを確認する

④**開発人員体制の紹介（20分）**
開発会社、クライアント双方のプロジェクトメンバー同士、顔と名前を一致させるべく簡単な自己紹介を行う

⑤**本プロジェクトの管理手法・開発手法について（20分）**
開発の手順や開発言語などの説明を行う

⑥**本プロジェクトの連絡・確認体制について（15分）**
レポーティングや、確認事項などの窓口、承認ルートを明確にする

⑦**予算について（10分）**
概算予算や全体的な費用感を共有しておく

⑧**質疑応答（10分）**
質問に対する返答を都度行うとミーティング時間が長引くため、最後にまとめて行う

図2 **キックオフミーティングのアジェンダ例**

COLUMN

キックオフミーティングの前に

キックオフミーティングを開催するために適したタイミングとは、「受注と発注が明確になった時点」である。

しかし一方で、キックオフミーティングを行った時点では、Webサイトの詳細な要件や仕様などが決まっていないため、正確な見積りをクライアントに提示することは困難であることも確かだ。

要件が固まり、詳細な見積りを提示したらクライアント側での稟議が最終的に下りなかったというトラブルの事例も存在する。

そのような不幸なプロジェクトを生み出さないためにも、クライアント企業と制作会社双方のディレクターは、キックオフミーティングの前のプロセスにおいて、クライアントが提示する大枠の予算感と、概算見積りをすり合わせておき、事前に調整を行っておきたい。

CHAPTER 2
02 発注者が用意すべき 与件とヒアリングシート

クライアントが制作会社のヒアリングを受ける際に用意しておくべき「与件」。これは制作会社にとっては課題を理解する鍵となる。ここではクライアント側の担当者が与件を洗い出すための考え方を解説する。

滝川洋平

RFPの考え方

制作するWebサイトの規模や構成にも左右されるが、規模が大きめのWebサイトやシステムを発注する際には、発注元となるクライアントがRFP（Request For Proposal：提案依頼書）という書類を作成する。この書類で課題や要件をあらかじめ取りまとめ、複数の発注先から見積りを含めた提案を受けることが一般的である。

RFPは、発注先となる制作会社に具体的な企画提案を要求するために、要件などを取りまとめたシステム仕様書を指す。RFPが必ずしも必要ではない規模のプロジェクトにおいても、発注元のクライアントがこのような概要資料を用意しておくことは、要件定義を正確に行いプロジェクトを円滑に進めるためにも有効だ。

RFPの書き方

RFP作成については、まず発注元のクライアント側で対象となる部門の人員へヒアリングを行い、現状の業務内容やフロー、システムに対する要望を洗い出すことから始まる。

情報システム部門が存在する会社であればそこが担当することが多い。本来RFPを必要としない規模のプロジェクトであれば社内Webディレクターなどの社内Web担当者がヒアリングを行うことになるだろう。

その際に注意すべきことは、企業特有のジャーゴン（専門用語）や、業界特有のビジネス用語をできるだけ排除し、平易な言葉で取りまとめることである。

実際にRFPを作成する際は、情報システム部門の担当者やコンサルタントと協力して、得られたヒアリング結果から、具体的に必要な機能や要件に落とし込む。

そして、予算やスケジュール、ハードウェアの選定基準などの要件までドキュメント化していく。

とはいえ小規模なプロジェクトならば、それらのヒアリング結果をもとに制作会社側のディレクターとともに機能要件に落とし込んでいくことになるだろう。

社内ヒアリングの実施

RFPに類した書類を作成することは、発注側のクライアント内部において合意形成のエビデンスとして役に立つ。

Web担当者やシステム部門だけで要件を作成した場合に、できあがったサイトやシステムを公開する段になって、役員や担当部門から成果物に対し不満の声が挙がることも少なくない。

のちのちの運用フェーズにおいて改修を行う必要が発生することもあるので、要望を汲み上げると同時に合意形成を行うための重要なプロセスとして積極的に社内ヒアリングを行っていこう。

ヒアリングのポイント

発注側の担当者が行うヒアリングにおいて重要なポイントは、自分なりに調査を行い、仮説を立てた上で現場担当者へのヒアリングを行うことだ 図1 。

現状の分析から、競合の分析、そして普段の業務フローや、顕在化している課題など、直接ヒアリングをせずとも得られる情報は少なくない。しかし、直接ヒアリングを行わなければ得られない要件もあり、それらを多角的に評価する必要がある（70ページのヒアリングシートの例も参考にしてほしい）。

グループインタビュー

とはいえ、ヒアリングシートにある質問項目をヒアリングするだけでは、潜在的な要望を汲み取ることはなかなか難しい。

そういった際に有効なのがグループインタビューだ。現場担当者に複数名で参加してもらい、担当している商品やサービスの内容やターゲットユーザー、今回のプロジェクトによってどうしたいのかをそれぞれディスカッションしてもらおう 図2 。

司会のファシリテーションスキルも重要となるものの、課題の真意や本質的な課題が発見できるだろう。

Web 担当者の分限

ヒアリングの課程で、ビジネス上の課題とバッティングするような改善必須事項が表面化することがある。しかし、そういった課題の改善ジャッジはWeb担当者が行うべきではない。なぜなら、実務面での業務フローに踏み込むことになるからである。

ヒアリングで可視化した課題は、ヒアリング時点では直接触らずに、事情を掘り下げておく。その上で具体的な解決策をエビデンスとともに「提案して」働きかけるべきだ。そして、しかるべき決裁権をもつ人物にジャッジさせていくよう、責任範囲を明確にしておこう。

● 仮説の組み立て

該当部署

もしかして…
・掲載コンテンツを増やしたい？
・部署内で更新作業を行いたい？

日頃の観察

● ヒアリングで課題発見

もしかして…
・掲載コンテンツを増やしたい？
・部署内で更新作業を行いたい？

ヒアリング

該当部署

・ニーズとしては正しい。
・部署内での更新は人員が厳しいので外注を立てたい。

直接ヒアリングすることで得られた新しい要件

図1 社内での課題発見と仮説の組み立て

今のサイトの不満点は？

ページの切り替わりが遅い

商品情報ページにたどり着きづらい

決済手段にコンビニ後払いを入れてほしい

図2 グループインタビュー

CHAPTER 2
03 受託における ヒアリング方法

制作会社などが発注側に行うヒアリング。ここでは、受注側が「受注判断」や「提案」を行うための基本的なヒアリング方法と項目についてまとめた。

タナカミノル(株式会社ピクルス)

発注先は、委託企業を決定してから問い合わせをすることはほぼない。正式発注まで、以下のような発注要件でチェックを行いながら、発注先を決定していく。

- 提案力はあるのか?
- 技術力はあるのか?
- 予算内に抑えられるか?
- スケジュール内に納品可能か?
- 制作体制は用意できるのか?

受注側は、発注者のこれらの問いに応えながら発注獲得へと至る。受注側が正式発注に至るまでに行うヒアリングは、主に以下の4つがある 図1 。

1. 相談に乗るべきかの判断のため
2. 受託できるかどうか判断するため
3. 提案のため

4. 要件定義のため

ここでは1〜3について解説する。4については「要件定義とは」(60ページ)を参照してほしい。

1.相談に乗るべきかどうかの判断のため

発注側は、施策や依頼内容が定まってない状態でも問い合わせしてくる。この段階での目的は、以下となる。

- 施策内容を明確にするための「情報提供」
- 施策内容を明確にするための「相談先」
- 依頼先候補にするための「前選考」

発注側はこの段階では、多くの会社に声をかけており、受注につながらないことも多い。どんな目的かを判断するためには、図2 のような質問をするとよい。

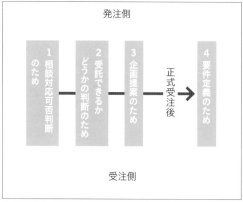

図1 受託におけるヒアリングの種類
受注側が正式受注に至るまでに行うヒアリングは主に4つある

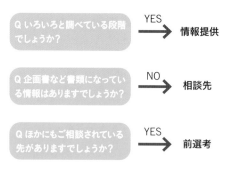

図2 受託におけるヒアリング方法
質問の仕方で進めて行くと、言葉尻から状況が推測できるだろう

この段階では「相談に乗らない」という判断をすることも重要だ。対応できない際には素直に「この段階でのご相談では、コスト的に対応できる余力がない」とお伝えしよう。ただし、この初期段階で発注側によい情報提供することで、受注確度が高くなることも事実だ。余力が十分にある場合は、積極的に対応しよう。

2.受託できるかどうか判断するため

すでに発注先（コンペ参加先）として自社が決まっており、自社として受託（参加）可能な案件かを判断するためのヒアリング。企画書や要件定義書などがあれば、共有をしてもらう。ない場合は以下をヒアリングする。

予算上限

想定予算ではなく、予算の上限を聞く。

希望納期

○ヶ月後などではなく、具体的な日付を聞こう。明示がない場合は、施策内容から想定される公開日をこちらから明示する。

想定施策

想定している施策の詳細を聞こう。この時点で発注側が想定していることすべてを聞くようにする。具体的になってない部分に関しては、暫定案として「○○な形で問題ないでしょうか」と提案し、認識のズレを減らす。

参考施策

すでに施策が決定している場合は、何かしらの参考施策や参考サイトがあるはずだ。それも共有してもらうことで、認識のズレが少なくなる。

上記ヒアリング後に見積り・スケジュールを算出し、ヒアリング内容の範囲に収まっているかチェックする。範囲に収まっていれば、自社で受託が可能ということになるので、その旨を発注側に伝え次の段階に進もう。

3.提案のため

コンペではなく、発注先として自社が決まっている場合でも、企画（施策）提案を求められることはある。提案内容は、マーケティング活動の一環として結果が求められることが多いので、ヒアリング範囲は自ずと広くな

る。2のヒアリング項目に加え、以下もヒアリングしよう。

理想のゴール

クライアントが目指している理想の状態を聞く。ここを把握しているかしてないかで、提案する内容が大きく変わってくる。

次の「問題及び課題」は、「理想のゴール」と「現在の状態」のギャップだからだ。このギャップを埋めるための企画を提案しないと、提案は通らないので、必ずヒアリングするようにしよう。

問題および課題

上記のギャップを「問題」として聞き、その問題がどうして発生しているかの課題を聞こう。課題は必ず複数あるので「ほかに原因はないですか？」といった感じで、深くヒアリングしよう。

ひと通り課題が出切ったら、優先度を決めてもらい、最重要課題を決め、その解決のための提案が欲しいのかを、ちゃんと言質をとった形で確認するようにしよう。

この最重要課題をブレた形でクライアントが認識してた場合、課題解決を押さえた提案をしたとしても、通らないことがあるので注意が必要だ。

要望

クライアントサイドで、ゴールや問題が明確になっており、具体的な打ち手として施策も決定している場合は、その施策に対しての要望を聞こう。また、なぜこの施策になったのかの経緯も聞こう。

製品やサービスの価値

製品やサービスが持っているベネフィットや機能。

マーケティング分析

発注側が設定している市場、状況、ペルソナ。4P分析や3C分析もあれば共有してもらう。

マーケティング状況

現状マーケティング活動で具体的にしていること。また活動結果も共有してもらう。

提出物について

提案に関して、クライアント側で想定している提出物を聞こう。 通常は「企画書（構成書）」「カンプデザイン」「見積書」「スケジュール表」の4種になる。

04 企画の発想法と アイデアを練るテクニック

企画とは課題を解決の手段であり、アイデアはその企画を生み出すための種となる。アイデアを発想する手法を身に付ければ苦しまずに企画を生み出し、問題解決にリソースを充てられるようになる。

滝川洋平

アイデアとコンセプト

Webサイトの主な役割は、課題解決の過程で、「何か」を伝える手段となることである。そして、その伝えたい「何か」のかたまり全体をひと言で表したのがコンセプトだ。そして、コンセプトを有効に伝えるための方法が、表現アイデアだといってよいだろう。

そのアイデアを実現するために企画に落とし込み、チームで共有することではじめて、アイデアは単なる思いつきから「コンセプトを伝えるための方法」に変化する。

そもそもアイデアとは?

アイデアに対して多くの人が誤解していることがある。自分はアイデアマンでもクリエイターでもないからユニークな発想ができないというものだ。しかし、アイデアの発想はコツさえつかめば誰にでもできるテクニックであることを理解しよう。

> "アイデアとは、既存の要素の新しい組み合わせ以外の何者でもない"
> ―ジェームス・W・ヤング

前述の引用は、名著『アイデアのつくり方』という本にある一節である。

つまり、アイデアとは無から生まれるものでなく、すでに存在するもの同士の掛け合わせなのだ。

よく「トイレ」で思いついたり「電車の中」や「寝る間際」で思いつく人が多いのは、ふと違うことを考えたり、何か別のものを見たりすることで、新しい要素や想起さ

せられた過去の経験と、もともとの考えが掛け合わされるからである。

アイデアの作り方

前述のようにアイデアとは既存の要素の新しい組み合わせであるので、企画を立てるためには、コンセプトと別の「何か」を掛け合わせればよい。

アイデアの源となる「何か」は、企画者であるディレクター各個人の中に存在する。ディレクターのパーソナルな部分であるかもしれないし、プロジェクトの中身であるかもしれない。

それらのベースとなるものをなるべく多く掛け合わせて、アイデアを発想していこう。

共感か驚嘆か

解決したい課題によって、必要となるアイデアの性質は違う。

マスに向けたアプローチによって、大きなインパクトで生活者のアテンションを集める必要があれば、世間を驚嘆させるアイデアが必要とされるし、ソーシャルネットワークキャンペーンのようなバイラル性が求められる場合は、共感を呼ぶアイデアが求められる。

自分の視点はいったん脇において、大勢を驚嘆させるアイデアか、共感させるアイデアかを見極めつつ発想してみよう。

アイデア発想法

実際にアイデア作りをするときに、1人でもたくさんの

アイデアを発想できる手法として、しりとり法 **図1**、なりすまし法 **図2** がある。

しりとり法

　題材となるコンセプトと、そこに掛け合わせる「何か」を、しりとりによって導き出す手法。

例）インスタ→タピオカ→かいじゅう→うなぎ……

　通常の発想法では、掛け合わせる対象に自分と近いものやもとのコンセプトに近いものを発想しがちだ。この方法なら自分でも考えもしなかった対象との掛け合わせが行いやすくなり、応用範囲が広い。

なりすまし法

　コンセプトと掛け合わせるものを、「誰か」になりすまして考える手法。

例）渋沢栄一だったら？　ビル・ゲイツだったら？　江頭2:50だったら？

　このように、他者になったつもりで、自分以外の他者のペルソナを被って思考するのだ。これにより、自分の中にある未知の部分が開拓できる。
　話題の人物を例に挙げることで、時流に沿ったアイデアを生み出しやすいのが利点である。

アイデアのネタ元を貯めておく

　掛け合わせるためのネタ元は多ければ多いほど早く、そしてたくさんのアイデアを出しやすくなる。そういった知識や要素のストックが多い人が、日頃「アイデアマン」と呼ばれているのであろう。いつしか記憶した物事が、まったく関係ないことで役に立つということはよくある。斬新な企画を生み出すためにも日頃から、幅広い分野に興味を持とう。
　また、アイデア発想法には、先述以外のテクニックもある。筆者おすすめの書籍を以下に紹介する。

『アイデアのつくり方』(CCCメディアハウス)
100ページ足らずの手頃なボリュームながら、普遍的なアイデア作りの本質に迫るジェームス・W・ヤングの名著。

『アイデアはあさっての方向からやってくる』(日経BP)
博報堂執行役員、博報堂ケトル取締役の嶋浩一郎氏による「現代的」で「具体的な」アイデアを生み出すための手法や姿勢が紹介されている。

『明日のプランニング　伝わらない時代の「伝わる」方法』(講談社)
『ファンベース』(筑摩書房)
生み出したアイデアをどのように受け手に伝えるか、プランニングをする際の基本姿勢や考え方を佐藤尚之氏がわかりやすく解説している2冊。

図1 しりとり法

図2 なりすまし法

ユーザーファーストの本質を考える

「ユーザーファースト」の視点は、Web制作者だけではなく、プロジェクトメンバー全体が常に意識していなければならないものだ。この視点を外してしまっては、よいサイトができ上がることはない。

栄前田勝太郎（株式会社ゆめみ）

ユーザーファーストの視点とは

Web開発の業界で「ユーザーファースト」という言葉を耳にするようになってから、かなりの時間が経っているが、実際のところ、ユーザーの本質的なニーズとWeb運営者が提供する情報やサービスにずれが生じている状況は、まだまだ多いのではないだろうか。

そこであらためてユーザーファーストとはどんなふうに実現していくべきなのか、考えてみよう。

価値を届ける先はユーザー

プロジェクトが進むにつれ、情報が多くなり目標を見失いがちになるが、情報やサービスを届ける先はユーザーであり、どのようなシーンであったとしても価値を提供する先には必ずユーザーが存在する。制作の都合や情報提供者の思惑などにより、プロジェクトにおいてユーザーの存在がないがしろにされる状況に陥ることがあるが、進むべき方向に迷ったときには、常にユーザーの存在に立ち返ることが必要だ。

長期的な視点、短期的な視点

ユーザーファーストを語る際には、ユーザーにとって短期的によいものか、長期的によいものか、それぞれの視点から考えバランスを取る必要がある。

例えばスマートフォン向けのモバイルサイトが登場した際には、画面サイズの問題から情報量や操作性に難を訴える声があった。しかし、モバイルデバイスでの閲覧が主流になった今では、情報を手軽に得られる手段としてのメリットの方が大きく、PCで閲覧するシーンの方が少なくなっている。多くの場合、長期的なことよりも、より身近な短期的なことの方が重要だと考えてしまう。そのため、これまでPCで閲覧していた情報量や操

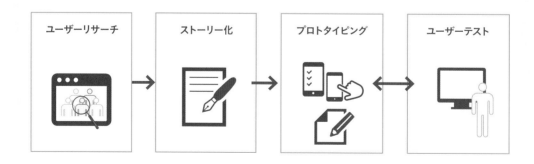

図1 ユーザーファーストを実現するための構築プロセス
リサーチ、ストーリー化、プロトタイピング、ユーザーテストの4つの手段を用い、ユーザーに価値あるものを作ろう

作性とを比較すると、モバイルサイトのデメリットばかりに目が向いてしまうが、長期的な視点で考えた場合、手元にあるスマートフォンでいつでも情報を得られる点がメリットとして大きいと考えることができる。また、長期的視点では、ユーザーが情報を取りこぼさないようスマートフォンで見られない情報がないように、サイト全体をスマートフォンに最適化していくといったことが考えられる。

目の前にある問題や課題に短期的な対応策をとることも必要だが、それだけだとサービスの本質は伝わらず、ユーザーにとって価値を損失してしまっている可能性もある。

ユーザーファーストを実現する手段

ユーザーファーストを実現するための構築プロセスの一例としては以下の4つがある**図1**。

①リサーチ

インタビューやアンケートなどの調査を通じて、ユーザーの利用状況や行動パターンから、ユーザーの本音や欲求、サイトの課題などを理解する。

②ストーリー化

リサーチであきらかになったユーザーのニーズや不足している価値を実現するため、次のようなユーザーストーリーを共有する。

- ユーザー(ペルソナ)
- 達成したいゴール
- 達成したい理由

③プロトタイピング

構築プロセスの早い段階で、具体的に体験可能なプロトタイプを作り、検証や修正を短い期間で繰り返し行う。

④ユーザーテスト

プロトタイプを実際のユーザーに使ってもらうところを観察し、評価する。

ユーザーファーストの本質

ユーザーファーストの本質は、ユーザーの声を聞き続けるのではなく、ユーザーの本質的な要求に応えること。「ユーザーの要望をすべて受け入れる」ことではなく、自分たちの仮説をユーザーやマーケットにしっかり問い、その上でユーザーが求めている根本的な部分をしっかりと伸ばしていくことが、ユーザーの本質的な要求に応えることにつながる**図2**。

使ってもらえるものを作る

結局のところ、ユーザーのことをより深く知って、そこにいかにコミットするかに尽きる。サービスを利用するユーザーは楽しんでいるか、ユーザーのコストに見合う価値を提供しているか、ユーザーの笑顔を想像できるか。それらが実現されているかを考え続け、ユーザーに利用してもらえるものを作る。

それこそがユーザーファーストの本質に迫る方法だ。

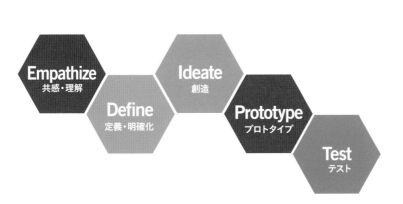

図2 デザイン思考の5つのステップ
ユーザーファースト実現の構築プロセスは、デザイン思考のステップと同様

UXの設計

UXやユーザー体験といった言葉は、意味があいまいなまま便利に使われてしまっている。UXとは「サービス利用者の体験そのもの」を示し、UXデザインとはUXを設計することだ。それを前提にして整理してみる。

栄前田勝太郎(株式会社ゆめみ)

そもそもUXとは?

Webサイト構築におけるユーザーエクスペリエンス(UX：User Experience)とは、Webサイト(サービス)をエンドユーザーが使った際に経験する「楽しさ・心地よさといったプラスの感情」を、エンドユーザーに提供する価値として重視するコンセプトである。つまりUXデザインとは、見た目のみではなく、使い勝手や信頼性などの側面を重視した設計を行い、価値を実現することだ。

また『UX白書』(2010年にドイツのDagstuhlで行われたUXセミナーの成果をまとめたもの)では、UXを、異なる期間で生じる体験のプロセスとして「予期的UX」、「一時的UX」、「エピソード的UX」、「累積的UX」の4つの段階に分類している。これらを実現するためには4つの段階すべてをデザインしていく必要がある。

UXは、利用しているそのときだけでなく、その前後の時間の中にも広がっている **図1**。それゆえに、UXについて議論する際には、対象となる期間を明確にすることが重要になる。

図1 UXタイムスパン(期間)
UXを「利用前」「利用中」「利用後」「利用時間全体」という4つの期間で捉える
『UX白書(日本語訳版)』より
http://site.hcdvalue.org/docs

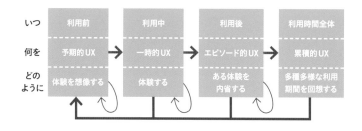

図2 Webサイトを訪れたユーザーのUX
ユーザーがWebサイトを訪れた際に得られるUXは、その前後にも関連している

UXはUIを包括する

しばしば混同されて語られるUXとUIだが、UXはUIを包括する概念である。

UIとは「User Interface」の略で、ユーザーが直接触れる「インターフェース」の部分を指し、UXは「User Experience」の略で、製品やサービスなどを使ったときに得られる「体験」のことだ。

ユーザーが触れるのはUIであるため、優れたUIが求められるが、ユーザー体験を得られるのはUIの部分だけではない。例えばECサイトの場合、商品購入から到着までのスピードや対応の良し悪し、商品やサービスそのものの質もUXに含まれる 図2。

つまり、優れたUIはUXを高めるためのひとつの要素ということだ。

ユーザー体験から逆算する設計

UXは、調査・理解・検討から得られるものだ。Webサイトの問題を解決するために、さまざまなことを片っ端から試す前に「解決すべき問題を正確に把握すること」が重要だ。情報設計やレイアウトには無限に選択肢があるだけに、「どんなユーザーに、どんな接触態度で、どんな体験をしてもらいたいか」というマーケティング的な視点を持っているか否かで、アウトプットに大きな違いが出てくる。

初めてUIを設計する際には、比較的このようなマーケティング視点を持ちやすいが、すでにリリースしているサイト(サービス)に対峙すると、どうしても既存のUIの延長線上で改善を考えてしまいがちになる。

そうならないよう、UIにかかわる人たちは、常に提供したいユーザー体験の理想型を意識し、そこから逆算的にUIを考えることが求められる。そのために次節で述べるペルソナやカスタマージャーニーマップを設定することが必要になる。

優れたUXを設計する

すべての人が使いやすく、という考え方は非合理的だ。誰にとっても使いやすいプロダクトやサービスを目指すと、誰にとっても使いにくいモノになってしまう。

優れたUXを設計する方法として、「人間中心設計(HCD:Human Centered Design)」がある。HCDとは設計思想であり、問題の解決策を探るだけではなく、解決した

いそもそもの問題を探る行為・プロセスである。HCDを用いれば、技術優先の考えや作り手の勝手な思い込みを排除して、常にユーザーの視点に立った設計を行うことができる。

最適な設計プロセスは対象となるWebサイトやサービス、設計を行う環境によっても異なるので、さまざまなバリエーションのHCDがあるが、そこには骨格となるパターンがあるので、その例を挙げてみよう 図3。

- 調査：ユーザーの利用状況を把握する。
- 分析：利用状況からユーザーニーズを探索する。
- 設計：ユーザーニーズを満たすような解決案を作る。
- 評価：解決案を評価する。
- 改善：評価結果をフィードバックして、解決案を改善する。
- 反復：評価と改善を繰り返す。

より詳しい情報については、人間中心設計推進機構(HCD-Net)のWebサイトや参考図書を確認してほしい。

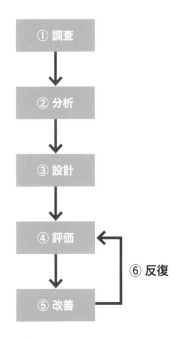

図3 HCDの標準的なプロセス
対象ユーザーとその要求を明確にして設計し、評価と改善をユーザーの要求が満たされるまで、繰り返す

CHAPTER 2 07
UXを可視化する 3つの手法

ユーザーはどんな日常を送り、そこにどんな課題を感じているのか。ユーザーは、Webサイトに対しどのような感情を抱くか。それを知るための分析手法としてペルソナやカスタマージャーニーマップがある。

栄前田勝太郎（株式会社ゆめみ）

目指すUXを可視化して共有する

UXやそれを生み出すプロセスは本来、目に見えるものではなく主観的なものであるため、その設計や検証は困難だ。しかし、それを可視化できる手法がある。目に見えるようになれば、今までになかった視点や気づきが得られ、チーム全体で共有することができるだろう。

そういったUXの分析手法として「ペルソナ」「カスタマージャーニーマップ」「ユーザーシナリオ」の3つを紹介する。まずそれぞれの言葉の定義から確認しておこう。

ペルソナがユーザー視点を明確にする

ペルソナとは、Webサイトや製品・サービスなどを利用するユーザーの人物像を具体的に書き表したもの。ペルソナを作ることで、利用シーンや使い方、そのときの気持ちなどを言語化することができる。

ペルソナはカスタマージャーニーマップなどほかの手法と組み合わせることが多く、UXデザインの基礎となる。

ペルソナとターゲットの違い

ペルソナとターゲットは、製品の受け手を考えるという点では違いはないが、両者の最大の違いは人物像の深さにある **図1**。

ターゲットは受け手となる人物像にある程度の幅が持たされている。例えば、20〜30代の独身女性、40代の父親といったように。

一方ペルソナは、そういった幅のある人物像をさらに深く細かく設定するため、居住地や通勤、休日の過ごし方までを定めることになる。

ペルソナを共有することで次のようなメリットが受けられる。

ユーザーの共感ポイントが明確になる

よく知っている友人にサービスを紹介する場合には、どう伝えればいいかわかるが、30代の男性に紹介してください、となった場合、何からどう伝えればいいか迷

	ターゲット	ペルソナ
人物像	ぼんやり	具体的
表現内容	業種、勤務先の売り上げ規模、所属している組織での役職などの社会的スペック	価値観やパーソナリティ、ライフスタイルなど個人に帰属する情報
もとになる情報	過去の経験からの想像	実際の調査をもとにした数値やストーリー
主なデータ収集方法	営業担当や経営層へのヒアリング、過去の営業情報からの分類	ユーザーインタビュー・ユーザー観察・アクセス解析・CRMデータ

図1 ターゲットとペルソナの比較

ってしまう。ペルソナがいれば「何を伝えれば共感して
もらえるか」がわかるようになる。

ユーザー視点で意思決定できるようになる

　新しいサイトやサービスを構築しようと考えたときに、
そのサイトやサービスは本当に必要なのか？ それはペ
ルソナの生活パターンや趣味や価値観、ものの考え方
から見えてくる。ペルソナがあることによって、自分たち
にとってどうかではなく、ユーザーにとってどうなのか、
というユーザー視点で考えられるようになる。

関係者間で共通の認識を持ちやすくなる

　プロジェクトチーム全員のユーザーに対するイメージ
をすり合わせることはとても難しい。ターゲットを絞っ
たとしても、それぞれが勝手にそのユーザーの生活スタ
イルや考え方を想像していると、いつの間にか認識の
齟齬が生まれることになる。
　だが、ペルソナという人物像を設定することで全員の
中で共通したモデルユーザーが存在することになるの
で、何か迷った際にもそのモデルユーザーを思い浮かべ
ることで共通の理解を持つことができる。

ペルソナの作り方

①設定項目を考える

　ペルソナを作るときは、基本的にサイト利用や商品購

入などの意思決定に影響を与えそうな項目はすべて設
定するのがよいだろう 図2 。

【設定項目例】
- 名前、年齢、性別、居住地
- 仕事(仕事内容、役職)
- 生活パターン(起床時間、通勤時間、勤務時間、就寝時間、外食派or自炊派)
- 最終学歴
- 価値観、ものの考え方
- 今課題と感じていること、チャレンジしたいこと
- 恋人・配偶者の有無、家族構成
- 人間関係
- 収入、貯蓄性向
- 趣味や興味の対象
- インターネット利用状況、利用時間、所持しているデバイス

②ターゲットに関する情報を集める

　想定しているターゲットに近いイメージの人に関す
る情報・データを集める。この情報収集をしっかりと行
うことで実存する人物のようなリアルなペルソナを作る
ことができる。情報収集の際は次のような調査を行う。

- ユーザーインタビューやアンケート
- アクセス解析などのデータ収集
- 公開されている調査データ収集

佐藤雅美

佐藤 雅美さんは、都内の大手広告代理店に勤務する女性。
仕事ではMacBook ProとiPhoneを持ち歩いて使用している。平日は夜遅くまで仕事を
しているため、外食しがちだが、週末は自炊するようにしている。休みの日は登山か自
転車で遠出することが習慣化している。

年齢:32歳
職業:広告代理店勤務
趣味:登山、自転車

住環境
住宅:1LDKマンション
家族:一人暮らし
恋人:いない
住所:東京都杉並区

ライフサイクル
移動手段:電車、自転車
通勤時間:電車20分
買い物:スーパー、
　　　　週末にまとめて
コンビニ:毎日1回は行く

ネットワーク、デバイス環境
使用デバイス:MacBook Pro、
　　　　　　　iPhone 13
ネットワーク環境:フレッツ光
よく使用するアプリ・サイト:
LINE、Instagram、SmartNews
ネット利用時間:1日5時間以上

図2 ペルソナ設定イメージ

③データを分類する

集めたデータから分析を始める。属性ごとに分け、どのように思考しているか、共通項目があるものをグルーピングしていく。グルーピングすることでターゲット層の生活スタイルや欲求の傾向が見えてくるだろう。

④ペルソナ化する

上述のグルーピングの作業を行うと、ターゲットユーザーがなんとなく見えてくる。そこに細かい属性情報や生活スタイルを情報として加えていくことで、具体的なひとりのユーザーとしてペルソナが設定される。

さらにペルソナに名前とイメージに近い人物の写真やイラストを検討することで、よりリアルなユーザーとして認識できるようになる。

ペルソナは、一度設定して終わりではない。時間が経過すればユーザーや市場動向も変わり、サービスが変化すれば対象とするターゲットも変わってくる。定期的にペルソナが実態に沿っているかチェックし、必要に応じて見直しを行おう。

カスタマージャーニーマップの必要性

カスタマージャーニーとは、製品やサービス、Webサイトなどの「ユーザーの体験全体」を指す言葉で、カスタマージャーニーマップは、目指すUXを可視化して共有できる、サービス全体のデザインを考えるツールだ 図3。カスタマージャーニーマップを書くことで、以下のようなことを可視化できる。

- ユーザーはこの目的に対し、どう行動するか?
- ユーザーは、このときどんなことを思っているか?
- ユーザーとチャネル (媒体) のタッチポイント (媒体上にある具体的なコンテンツ) やシチュエーション (後述)
- ユーザーが抱えるさまざまな課題
- 解決できる部分や、その解決策

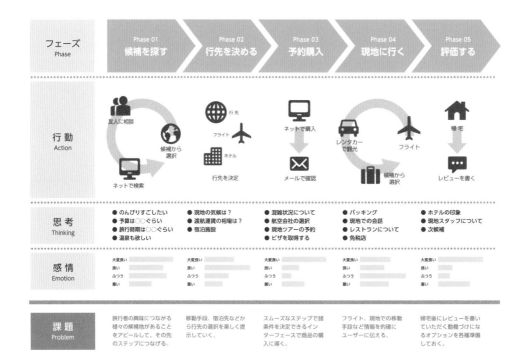

図3 カスタマージャーニーマップの例

カスタマージャーニーマップが利用されるシーンが増えてきた理由としては、消費者と企業の直接的な接点が増えたことが挙げられる。今では情報提供の形態も消費者の行動も多様化したため、消費者がどのように行動し購入にいたるかを、正確に把握する必要が出てきた。その分析の手法として用いられているのがカスタマージャーニーマップだ。

作成時に意識するポイント

実際にカスタマージャーニーマップを作成する際には以下のポイントを意識したい。

ペルソナの行動を仮説として組み立てる

ペルソナとして設定した人物が、商品・サービスを購入するまでにどのような行動を取るのか、時系列に沿って設計する。ユーザーの思考や感情といった心理状態を時系列で整理することで、サイトの問題点や課題を明確にしつつ、検討する。

ユーザーと商品との接点

初めて商品が認知された場所を「チャネル」という。またチャネルに複数の接触方法がある場合、実際に接触した方法を「タッチポイント」という。

メディア、デバイス、場所、シチュエーションにおいて、ユーザーと商品はどのようにして接点が持てるのか、と考える必要がある。

ユーザーシナリオでUXを最適化する

ユーザーシナリオ 図4 とは、ペルソナが実行に移すストーリーのこと。未来のユーザーがサイト上で行動する際に何を探し求めているかについて理解を深めさせてくれる。

ペルソナとカスタマージャーニーマップによって立てられた仮説を実際のWebサイト制作に用い、その結果を検証して仮説の妥当性を評価する。その仮説の検証や結果として出てきた課題をユーザーシナリオにフィードバックし、実際の顧客の行動により即した内容とすることで、UXを最適化する。

ユーザーシナリオに決まったフォーマットはないが、以下のような項目を含めて作成するといいだろう。

- Webサイト、サービスのユーザーに対する目標
- ペルソナのニーズ・行動
- ペルソナの環境(利用シーン)
- その行動をとるときのペルソナの心理状態
- 利用に影響を与えている外的要因

大切なのは、Webサイトやサービスの目的を達成するにあたって、ユーザーは「どのようなステップを踏んだら目的を達成するか?」、その理想的なストーリーを考え明確にすることだ。

フェーズ	認知・流入	情報収集			選定
ユーザー行動	検索結果	下層ページ	詳細ページ	その他	その他
詳細行動	最近気になっていた服をいくつかのECサイトで検索して、表示された商品をクリック	・検索結果から着地したページで写真を眺めながら商品を探す ・人気のある、価格の安い商品を探すことが多い ・関連商品をクリックして閲覧する		気になった商品は覚えておきたい	・サイズや色の選択肢があるかを確認 ・スタイリング写真があれば見てみる
欲求・価値	気になっている服がいくらで購入できるかを知りたい	・スタイリングを見ながら検討したい ・自分のペースで商品を閲覧したい		気になった商品は覚えておきたい	スムーズに購入したい

図4 ECサイトにおけるユーザーシナリオ例

CHAPTER 2
08 UXを作り出すポイント

昨今、UXの捉え方は多種多様に語られているが、UXの基本はユーザーの満足体験を作り出すことだ。ここではWebサイト上での狭義のUXを理解し、ユーザー体験を向上させるポイントを見ていこう。

タナカミノル（株式会社ピクルス）

Webサイトにおける UX は「限定的な UX」

「UXの設計」（50ページ参照）で述べたようにUXの範囲は広義ではマーケティング活動全体にわたり、製品やサービスの成約後の「継続利用」や「推奨」なども含まれる。通常Webサイトのゴールは「お問い合わせ」や「購入」であり、そこまでのユーザー体験は「限定的なUX」と定義される 図1 。

サイトの設計時にUXを考えるのは必須事項だ。サイトフロー図・ワイヤーフレーム・コピーライティングなどの作成時に、常にユーザーにとってよいストーリー及び体験になっているかを考えて作成する必要がある。この際、「伝えるべき情報」だけでなく、その情報によって「ペルソナの心理」がどういった状態なのかを記載しておく。これにより、よいストーリーになっているかのチェックがしやすくなる。

UXづくりの5つのポイント

1.ユーザーストーリーを作る

ユーザーが、Webで体験したことが、一定のストーリーとして成り立っているかをチェックする。日常的な体験になるが「食事をする」を例にすると、

A：お腹が減った→満腹になった
B：お腹が減った→お勧めの店→行ってみた→美味しかった→満腹になった→安かった→また行きたい

Bのほうがストーリー推移が多く、体験も刺激的だ。人は数字や名称などの単純記憶よりストーリーのほうが記憶しやすい。Webサイトの中でも、ユーザーが体験を通じて適切なストーリーを描けるようにディレクションする。この際、いろいろな感情を掻き立てるストーリ

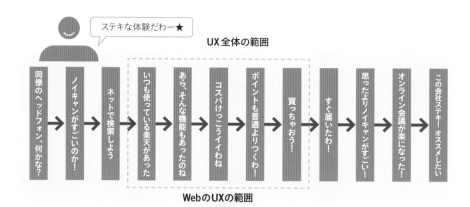

図1 ショッピングするユーザーのストーリーから考えるUXの範囲
UX全体の範囲はかなり広いが、Webでは一定の範囲で考える

一のほうが、より記憶に残りやすい **図2**。

2. 興味を作る

　ストーリーを体験してもらうために絶対に必要となるのが「興味」だ。

　ターゲットとしているユーザーが既に気づいている「課題(ニーズやウォンツ)」を提示することで興味を作り出すこともできるが、ユーザーが気づいてない「インサイト」を提示することで興味を作り出すことも可能だ **図3**。基本的には「ページタイトル」や「見出し」で興味を作り出す。

　「最高級ノイズキャンセリングヘッドフォン」では興味は作れてないが、「マイクもノイズキャンセリングしてミーティングを快適に!」なら、オンラインミーティングをしているユーザーのインサイトを刺激し興味を作り出せる。

3. 興味を持続させる

　人は、答えはすぐに知りたいし、いったん答えを知ってしまうとその時点で興味を失いやすい。また、答えを待たせ過ぎても不満感が募り、Webサイトから離脱する。常に適切な興味の量になっているか、持続させるための情報提供ができているかのチェックが必要だ。

4. 理解のしやすさ

　どんな人でも難しいと興味が持続されず、離脱する。防ぐには「理解のしやすさ」を作る必要がある。理解のしやすさとは「短時間で良さや必要性を伝る」ことだ。図解や動画などを駆使することで対応しよう。**図4**。

5. ポジティブな心理状態

　Webサイトで体験したストーリーが、ユーザーをポジティブな心理にさせているかをチェックする。商品購入時であれば、使ったときをイメージした「よい期待感」などがそうだ **図5**。また、本人が予想・設定している以上のよい結果を体験すると、ポジティブな心理として記憶される。「5,000円くらいの価格かと想像してたのに、実際は1,000円だった」などもポジティブな心理といえる。

図2 ユーザーストーリーを作る
関連した形で推移が多いほうが記憶に残る

図3 興味を作る
「課題 (ニーズやウォンツ)」や「インサイト」を提示する

図4 理解のしやすさ
図解や動画などを駆使し「短時間で良さや必要性」を伝える

図5 ポジティブな心理状態
よい期待感や得をした心理にする

CHAPTER 2
09 提案書を作る際のポイント

「提案書の書き方」に正解もフォーマットもない。だが、それがかえって提案書作成のハードルを高くしているケースも多い。そこで、提案書作成を進めるための基本的な要素と勘所を解説する。

栄前田勝太郎(株式会社ゆめみ)

提案書の役割と目的

まず提案書の役割と目的について確認しよう。提案書は2つの役割を持っていて、プレゼンテーションの前後で役割が変わる。

- プレゼンテーションの場では「企画内容の説明書」としての役割
⇨ 聴き手に企画者の主張を、その場で理解してもらう道具

- プレゼンテーションの後では「提案内容実現に向けての説明文書」としての役割
⇨ 提案内容の実現に向けて読み手を説得する武器

この役割を果たすためには、2つのポイントがある。

①提案先の現状や課題を踏まえた、相手に最適化された企画内容であること

②問題解決のため、提案内容がいかに魅力的で合理的なものであるかを伝えられるものであること

また、提案書は一度作って終わりではなく、最新の状況に合わせた内容にアップデートしていくことで、より相手のニーズを汲み取った内容になるとともに、その後の制作フェーズにおける、チームで共有できる説明文書としての機能も果たしてくれる。

この提案書のアップデートを行うことが情報共有における理解度を高めることにつながる。

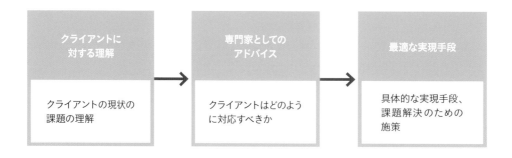

図1 提案書に必要な要素とその順序
提案書作成時には、この要素と順序を意識してほしい

提案書の基本的な構成

　提案書を作成する際に、まず提案内容から書き始めるという人もいるかもしれない。しかし、クライアントの要望を正しく認識できていない場合、要望と提案にずれが生じてしまうため、まずはクライアントの要望、また問題としている点をまとめることから始めることをすすめる。

　以下には、一例として、基本的な提案書の構成例を挙げる。

クライアントに対する理解のパート

①要望、問題点(課題)

　ヒアリングを行い、クライアントの要望、そして問題点(課題)をまとめる。

専門家としてのアドバイスのパート

②課題解決のための施策

　いま抱える課題を解決するためには、どのような対応を行うかを具体的な施策として示す。

最適な実現手段のパート

③提供する(実施する)解決策

　提供できる解決策を具体的に示す。

④成果目標

　結果として得られる価値を示す。具体的に売り上げが○%アップするという数値で示せると理想的だ。

⑤スケジュール、体制、予算

　提案を実現するための計画を具体的に示す。

⑥留意事項(補足)

　主にクライアントに認識しておいてもらう内容(条件)を具体的に示す。

　提案内容や相手により、多少アレンジをすれば、提案書の基本的な構成として用いてもらえると思うので、参考としてほしい **図1** 。

読み手の立場に徹して作る

　提案書を見せる相手は、業務に忙しいマネージメント層や決定権を持つポジションの相手が中心だ。そんな相手に物事を伝えるときには、細かく書くよりもタイトルとビジュアルを見ればすぐに詳細も憶測できるようなものがよい。表現は簡潔に、データも変化が起きていることが伝わればよいので、最小限に抑える。

　さらにページ構成も読み手が疑問に思っていることや質問したいことを、順序立てて説明するように心がけよう。

　例えば、忙しくて全部を読む時間がないという人に対しても、数分で読めるように見せ方を工夫することで、こちらの意図する提案内容を伝えることはできる **図2** 。

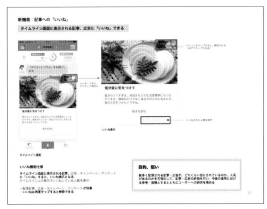
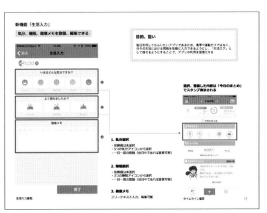

図2 提案書のサンプル
健康アドバイスアプリ「カラダかわるNavi」の機能追加の提案書

要件定義とは

CHAPTER 2

プロジェクト進行において致命的な後戻りが発生する場合、原因はほぼ要件定義のあいまいさにある。
そうならないためには「要件定義」を正しく理解する必要があるため、それについて解説する。

栄前田勝太郎（株式会社ゆめみ）

要件定義の目的

要件定義とは、システムやソフトウェアの開発において、実装すべき機能や満たすべき性能などを明確にしていく作業のこと。ひと言で表すと、「発注者の与件や要望をあきらかにし、リソースとのバランスを考慮した上で、目的を達成するために何をすべきかを明文化すること」だ。決定事項を明文化してクライアントとの間でドキュメントとして共有する。そしてこれが、その後の設計・制作において基準となるドキュメントになる。

要件定義を行う理由は「開発の方向性を定めること」。そのためには、プロジェクトの目的、「何のために作るWebサイトなのか?」を確認することが、もっとも重要になる。

要件定義はクライアントとの打ち合わせにより作成される。クライアントの要望を汲み取りながら、構築する機能をまとめる 図1 。どんな目的を達成するために作られるWebサイトなのかを明確にすれば、続く工程でもブレがなくなるため、設計工程においてもクライアントから修正が入ることは少ないだろう。

小規模なプロジェクトでは、要件定義書を作成せず、口頭でヒアリングした目的などをもとにして設計を行うことがあるかもしれないが、それではサイト作成の目的も不明瞭なものとなってしまう危険がある。

要件定義において決めた内容を明文化することで、初めて目的を共有できることもあるため、文書化することが大切なポイントだ。

	説明	具体例
要望	本当にやりたいかどうかわからず、漠然としている。クライアント視点での希望、理想。効果は不明。	毎週、HTMLを手動で更新している。手間なので、ある程度システム化したい。
要求	やりたいことは明確だが、細部は決まっていない。構造的に文書化されている。	システム化したい情報は、ニュースや更新情報である。
要件	やりたいことをどう表現するかを示している。できないことも示している。	CMSを導入して、管理画面から入力した情報が設定された日時に公開される。

図1 要望・要求・要件の定義

要件定義のポイント

要件定義を考え、進める際に押さえておきたいポイントについて解説する。

何を解決するためのものなのか

WebサイトやWebサービスは問題や課題を解決するために開発される。1つ1つの機能に課題解決の役割が与えられており、その集合体がWebサイトであり、またはWebサービスだ。

機能自体にフォーカスして話が進みがちだが、「その機能はどんな問題点や課題を解決するための機能なのか」を1つ1つ明確にすることで、意図した目的につながることになる。

優先度をつける

要件定義を進める際に、新たな要望が出てきて、スケジュールにゆとりがない中で開発を進めなければならないことがよくある。そのため、開発する機能に優先度をつけることが重要なポイントとなる。優先度のつけ方には次のようなものがある。

- その機能がないと、サービスの価値を提供できないもの
- 競合サービスがすでに対応しているもの
- 運用でカバーすることが難しい、あきらかに非効率なもの
- 営業的な面から、必要となるもの
- 実装することで、大きく改善が見込めるもの

まずは優先度を設定し、その上でスケジュールの見直しや機能の取捨選択を検討するのがよいだろう。

納期の認識

要件定義が進むに連れ、全体が見えてくると、スケジュール内での対応が難しいといった状況に陥ることもあるだろう。気が付くのが遅くなるほど調整がつかなくなってしまうため、リリース日や納期を常に意識する必要がある。

新たな要求・問題点・課題が出たときに、スケジュール内で対応可能かをその都度、判断できるようにしておくことが重要だ。

要件定義のプロセス、そして要件定義書から派生するドキュメントについては以下の図を参照してもらいたい 図2 図3 。

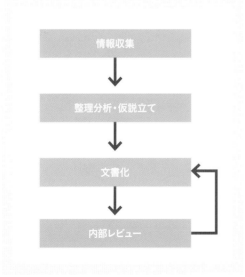

図2 要件定義の基本的なプロセス

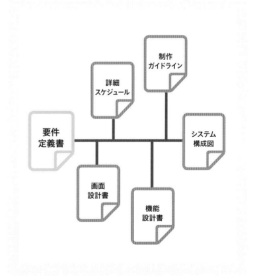

図3 要件定義書から派生するドキュメントを意識する

CHAPTER 2
11 サイトを構築・運用する環境の選定ポイント

Webサイト構築においてはCMSやシステムとの連携が一般的になり、そのために必要な、またサイト公開後の運用も視野に入れた環境の選定が求められる。ここではその選定ポイントについてまとめた。

岸 正也（有限会社アルファサラボ）

構築後の運用を考えておく

　Webサイトを構築するためにはWebサーバーなどのサイト運用環境が必要だが、その選定において悩むことも多いだろう。構築するサイトの要件・規模・予算によってハードウェア・ソフトウェアの構成、スペックを検討し、最適なサイト運用環境を決める必要があるが、合わせて公開後の管理業務や将来的な展開についても考慮したい。

　サイト運用環境によっては、構成の増改築を行うことができなかったり、管理業務が非常に難易度が高かったりと、サイト公開後に問題が発生する可能性もあるからだ。

　多方に気を配らなければいけないサイト運用環境の選定であるが、ここではまずサイト運用環境の管理業務から解説したい。なぜならサイト運用環境の管理業務をどこまでアウトソーシングするかで、環境構築の種別・予算・機能などが大きく変わってくるためである。

マネージドサービスとは？

　マネージドサービスとはサイト運用環境の管理業務の一部をアウトソーシングできるもので、私達がよく利用する共有サーバー、VPS、クラウドサービスなどの大部分がマネージドサービスに該当する。管理業務の一部ということが重要で、例えばクラウドサービスのAmazon EC2ならOSのセキュリティパッチは自分で適用する必要があるが、さくらインターネットの共有サーバーの場合はOSのセキュリティパッチ適用は不要など、サービスごとにどこまでサービス提供側が管理するかが変わってくる。また、この管理業務代行は必ずしもプラスの

面だけではなく管理業務を委託することで制作側の自由度がなくなるというトレード・オフも認識してほしい。管理業務と主なサイト運用環境をWebディレクター向けに大まかに区分してみると

1. ネットワーク・ハードウェアも含めて管理を考える必要がある：クラウドサービス
2. ハードウェアも含めて管理を考える必要がある：専用サーバー
3. OS及びApache、PHPなどのミドルウェアの管理を考える必要がある：VPS
4. WordPressなどのソフトウェアの管理を考える必要がある：共有サーバー
5. WordPressなどソフトウェアの管理も代行する：CMSマネージドサービス

フルマネージドサービスとは？

　フルマネージドサービスはサーバー保守の会社がセットアップから管理、パッチ適用、バックアップ、障害対応、負荷対策などほとんどの運用・保守を代行して行うサービスだ。すべて自動化されているというよりも、必要に応じて人の手を借りつつサービスを維持することが多い。

サイト運用環境の種類

　上記でサイトの管理業務に合わせてよく利用されるサイト運用環境を挙げたが、代表的なものについて簡単に説明しよう 図1 。

①クラウドサービス

クラウドサービスと呼ばれるものの中でも、Webサイト制作に利用されるものは、IaaS（アイアース、イアース: Infrastructure as a Service）と呼ばれる仮想サーバー、ネットワーク、ストレージなどとPaaS（パース: Platform as a Service）と呼ばれる仮想サーバー上のプラットフォームで動作するデータベースなどだ。よく利用されるAWSやAzure、Google Cloud PlatformなどもIaaSとPaaSを組み合わせたものである（次ページ **図2**）。クラウドサービスはほかと比べ物にならない速さで構築でき、複製やグレードアップも自由自在の革新的なサービスだがその分インフラ面での豊富な知識と技術が必要となる。また、価格も基本は従量課金のため上手に利用しないと割高になるケースも多い。

②VPS

VPSは専用サーバーと同等の機能を仮想環境上に用意するものでその仮想マシンの管理者権限を利用できるほか、CPUやメモリが割り当てられているため共用サーバーに比べてほかのユーザーの影響を受けにくい。

値段も安定してきたのでクラウドサービスを考える前に候補として比較するとよいだろう。ただしWebサーバーなどの保守は必要だ。

③共有サーバー

ディスク容量以外のCPUやメモリなどを大人数で共有する形になるので、自分もしくは誰かがレンタルサーバーに負荷を与えてしまった場合、連帯で負荷がかかってしまう。そのため、大規模アクセスが予想されるWebサイトや、常に安定した動作を希望するWebサイトには不向きだ。Webサーバーなどの保守業務は不要。値段は比較的安い（65ページ **図3**）。

④CMSマネージドサービス

共有サーバー（またはVPS）上にセッティングされたCMSを提供するサービス。CMSは最適化されているためメンテナンスが不要だがその分サードパーティ製のプラグインが利用できないなど自由度が低い場合がある。WordPressやMovableTypeほか、さまざまなCMSのサービスが存在する。

	①共有サーバー	②VPS	③クラウドサーバー	④CMSマネージドサービス
向いている用途	アクセスの少ないサイト 組織内にサーバー管理者が不在	アクセスが比較的安定しているサービス 組織内にサーバー管理者が必要	多く機能が求められるWebサービス・Webアプリケーション セールなど時期によってアクセスが変動するサイト	組織内のリソースでWebサイトを制作・構築したい場合
用途例	中小企業のサイト 企業案内のみのサイト	大企業のポータルサイト 官公庁の情報提供サイト	メディア関連 ECサイト ゲームサービス	中小規模のサイト
負荷対策	サービス提供会社のプランのみ	多くの場合、別途実施する必要あり	ロードバランサなどオプションサービス使用の場合は、別途料金発生	サービス提供会社のプランのみ
ネットワーク	選択できない	選択できない場合が多い	選択可能	選択できない
セキュリティ	サービス提供会社のプランのみ	業者のプランとOSでの設定による	オプション導入により、高いレベルを維持できる	サービス提供会社のプランのみ
サーバーの場所	選択できない	選択できない場合が多い	選択可能な場合が多い	選択できない

図1 サイト運用環境の比較

3つのサーバー環境

CMSを導入する規模感のプロジェクトであれば、構築・運用において、次の3つの環境はそれぞれ独立して用意しておく必要がある（同じサーバー内にあってもかまわない）**図4**。

① 開発サーバー（開発者用テスト環境）
② ステージングサーバー（プロジェクト内テスト環境）
③ プロダクションサーバー（本番環境）

① 開発サーバー

開発者が実際に開発を行い、テストする環境。基本的に開発者以外のメンバーが確認することはない。

近年ではDockerなどのコンテナ型仮想化技術を用いて開発者それぞれのローカル環境に構築することが多い。

② ステージングサーバー

ステージングは準本番環境として、本番前の最終確認用の環境として位置づけられるのが一般的だ。開発サーバーでテストが完了した機能が提供される。

ステージングでのテストはデバッグのためのテストではなく（デバッグは開発サーバーで完了していることが前提）、要件を満たしているか、実際の運用をするにあたって支障がないかなどを確認・レビューする。また、CMSのトレ

| | ユーザー管理 | 管理会社 |

SaaS	PaaS	IaaS
アプリケーション	アプリケーション	アプリケーション
OS・ミドルウェア	OS・ミドルウェア	OS・ミドルウェア
ハードウェア	ハードウェア	ハードウェア
ネットワーク	ネットワーク	ネットワーク
提供されるサービス 経理業務アプリケーション グループウェアなど	**提供されるサービス** データベース 分析ツール IoTプラットフォームなど	**提供されるサービス** サーバー ネットワーク ストレージなど

図2 クラウドサーバーの種類

ーニング環境として利用されることも多い。

③プロダクションサーバー

プロダクションサーバーは、システムが製品として提供され、運用担当や実際のユーザーがシステムを利用する本番環境。ステージングでテスト(レビュー)が完了した機能・特徴が提供される。

継続を前提とした環境の選定ポイント

Webサイト構築環境の種類、用意すべき環境について述べてきたが、実際の選定において軽視されがちな、次の点も考慮しておきたいポイントだ。

- 安定性の高さ
- サポート体制
- データのバックアップ
- 新技術への対応

コストのバランスが取れ、不要なサーバー環境の移行を発生させないためにも、長く使うことができるように継続面におけるポイントも検討しておきたい。

		クラウドサービス	VPS	レンタルサーバー
柔軟性	導入スピード	○	△	◎
	リソースの柔軟性	◎	○	△
パフォーマンス	サーバー	自由に選択可	○	△
	ネットワーク	○	○	○
コスト	小規模	△	○	◎
	大規模	◎	○	-
セキュリティ		対策が別途必要	対策が別途必要	○
可用性		自由に設計可	○	△

図3 クラウドサービスとVPS、レンタルサーバーの比較

図4 3つのサーバー環境
ツールを利用してエンジニアが開発環境で開発したものをステージング環境に展開し、その中で確認のとれたものをプロダクション環境にデプロイする

CHAPTER 2

12 工数の計算

プロジェクトを遂行するためには、工数の見積りやスケジュール管理が必要だ。正確な見積りは難しく、綿密にしすぎても納期に間に合わなくなることもある。そこでより正確に工数を見積もる手法を学ぶ。

工数の考え方

工数見積りとは、あるタスクがどれだけの工数（規模）なのかを算出することだ。

工数は作業量を表す単位で、ある作業を行うために必要となる人数と時間を表す。工数の単位は人日（にんにち）や人月（にんげつ）で表し、工数の時間は1日8時間、1ヶ月を20日間を基準として計算することが多く、「人数 × 時間」の計算式で人日、人月を計算する。

例えば、ある作業を完成するまでに1人で3日かかった場合、1人 × 3日間 ＝ 3人日と表す。複数人で作業を行った場合、例えば3人で作業を行って7日間かかったなら、3人 × 7日間 ＝ 21人日となる 図1 。

工数を出すためには？

工数見積りを行うには大きく2つのステップがある。

ステップ1 タスクに分解する

まずタスクに分解するステップだが、ここでいう「タスクに分解する」は、「作るべきものを設計し、具体化する」ことだ。これはWBS(Work Breakdown Structure)を作成することでも対応できる。

ここで、問題となるのがどこまで詳細な設計をすべきなのか？ということだ。プロジェクト初期においては詳細な設計を行うことも難しいだろう。その場合は、過去の事例や経験から似たパターンがあると思われるので、どういったタスクに分解していくかは、ある程度決まった型（テンプレート）を作っておくと、それに当てはめることでプロジェクト初期でも対応することができる。

ステップ2 規模の算出

次にそれぞれのタスクの規模を算出する。ここで重要

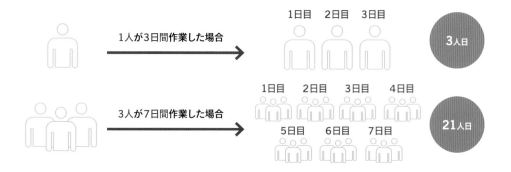

図1 工数の考え方
開発規模を示すものなので、工数を累積したものが実際の開発期間とイコールではないことに注意が必要だ

なのは「主観や判断をなるべく少なくして、機械的に算出する」ということだ。まずは「過去の実績をもとに似たタスクから算出する」。これまでの実績が正しく残っていない、また「似たタスク」に該当しない場合は、「難易度」を3段階くらいで設定し、基準となるタスクの工数（時間）をもとに規模を算出してみるのがいいだろう。

目的によって使い分ける見積り手法

工数見積りにはいくつか手法があるので、代表的なものを紹介する 図2 。

トップダウン見積り

システム全体をまず見積り、そこから工程別に工数を細分化してゆく方法。

過去の事例や経験から類推する手法だ。

まず全体のリソース量を見積もってから、個々の作業に配分する。最も簡単に使えるが、見積り精度は低くなる。見積もる人の経験によって正確性が大きく左右される属人的な方法であり、見積もる人によって精度は大きく依存する。

トップダウン見積りが使われるのは、営業、プロジェクトの企画などで、プロジェクト全体のコストの概算を

し、予算の決定をしたい場合に多い。

ボトムアップ見積り

各工程で作成する設計書などの成果物や作業内容を分解し、それぞれの要素に必要な工数を見積もって積み上げる方法。

ソフトウェアを構造化して機能単位に見積もる方法や、実施する作業をWBSに分解し、WBSごとに工数を見積もる方法がある。見積り精度は高いが、分解すること自体が設計や計画作業に当たるため、ある程度工程が進まないと使えない。

これらの手法はプロジェクトの段階に応じて使い分けたり、または組み合わせて使うのがいいだろう。過去に類似のプロジェクトが存在していた場合は、トップダウン見積りを用いる。その上で信頼性を高めるため、ボトムアップ見積りでクロスチェックを行うことで精度を高める。

だが、ボトムアップ見積りを使えるタイミングは計画が固まった後となるため、概算見積りの段階ではトップダウン、詳細見積りの段階ではボトムアップの手法で見積りを行うことになるだろう。

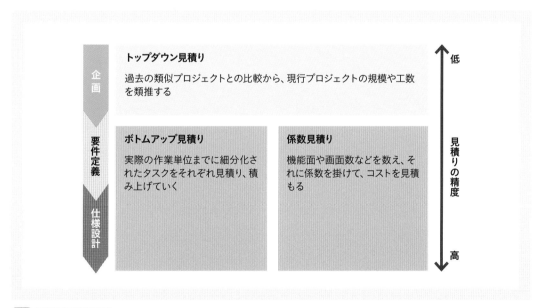

図2 標準的な見積り手法
上述している2つの見積り以外に「係数見積り」があるが、ここでは参考として挙げておくに留める

13 概算見積りの作成と工程変更への対応

予算化するために概算見積りが必要なケースはよくあるが、概算見積りはどのように見積もるとよいのか？
またプロジェクトにおける工程変更について、どのように考えるかにふれてみる。

栄前田勝太郎（株式会社ゆめみ）

見積りの違いを理解する

国際的なプロジェクトマネジメント標準であるPMBOK
（Project Management Body of Knowledge：プロジェクトマネジメント知識体系）の規定によると、プロジェクトの見積り精度については、以下のように示されている。

超概算見積り

プロジェクトの初期段階で、費用を大まかに把握する情報収集のために使う。見積り額の精度は−50%から+100%。

概算見積り

実際に制作依頼を行う会社が決まったときに出してもらうもの。見積り額の精度は−25%から+50%。

確定見積り

作業内容や工程、単価、数量、ページ数など、できる限り正確に盛り込んだもの。見積り額の精度は−5%から+10%。

ほとんどの場合は1つのプロジェクトにおいて、何回か見積りを行うことになるだろう。それぞれ求められる見積りにおいて、精度の考え方を参考にしてほしい。

概算見積りの算出

まず「見積り」とは「全タスクとその工数を洗い出す」というものだ。見積りを行うには大きく以下のステップがある。

① 作るべきものをタスクに分解する
② タスクの規模を算出する

だが、概算見積りの場合は「作るべきもの」がわからないことが大半だろう。その場合にはその時点でわか

メリット	デメリット
・ 進捗管理を行いやすい ・ 全体規模を把握しやすい ・ プロジェクトを構成しやすい	・ 工程の初期段階でしか要件を決められない ・ 上流工程に対する変更が困難 ・ 成果物は工程終盤で確認することとなる

図1 ウォーターフォール型のメリットとデメリット

っている要件・概要から想定できる作業項目を洗い出し、その項目ごとに工数を計算する。その工数に前述の精度を加えて概算見積りとして作成する。

それを提示する際に、この見積りは「概算見積り」であり、要件・仕様が確定した時点で「確定見積り」を再提示すること、その際に見積り額は変動することなど、を補足として記載しておいた方がいいだろう。

最適な開発プロセスを決める

いわゆる開発プロセスというと、代表的なもので「ウォーターフォール型」「プロトタイプ型」「スパイラル型」「アジャイル型」がある。

一般的なWebサイト構築はウォーターフォール型であることが多いのではないだろうか。開発プロセスによって工程も変わるため、制作工程に入る前にどのプロセスで進めるかを確定させる必要がある。

開発プロセスはどれがよい悪いではなく、重要なのはプロジェクトを成功させることだ。どのような開発プロセスにおいてもプロジェクトには必ずリスクが存在するが、そのリスクを担保できるのであれば、ウォーターフォールでもアジャイルでも問題はない。それぞれのメリット・デメリットを検討した上で、よりプロジェクトの成功率が高いプロセスを選択すればいい。

ウォーターフォール型の問題点

ウォーターフォール型は理にかなったモデルだが「前工程に間違いがない」という前提で後工程に進んでいくことに問題がある 図1 。間違いを含んだまま後工程に進むと、結局手戻りが生じてしまう。また現実的には、誰が、どのように、全体を管理できるのか、という問題もある。

ほかの開発プロセス

ほかの開発プロセスのひとつに、スパイラル型がある。これはウォーターフォールのような一方通行のものではなく、設計とプロトタイピングを繰り返し反復して行いながらプロジェクトを完成させていく、というもので、ウォーターフォールに比べて要求仕様の変更に対応しやすい、などのメリットがある 図2 。実際にどのプロセスを採用するかは別として、前工程と後工程の関係や、全体のスケジュール管理、ガントチャートといった管理手法は必要である。また、ミスや間違いは当然起こるものとして、それをどう発見してどう対応するか、といったことも、実務上ではとても重要なことだ。

工程変更することがリスクとして懸念されるのであれば、ウォーターフォール以外の開発プロセスの選択を検討してもよいだろう。

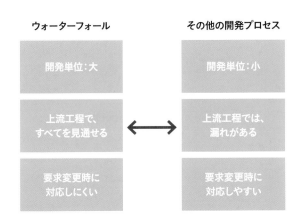

図2 ウォーターフォール型とそのほかの開発プロセスの比較

社内ヒアリング用のアンケートシート

社内のヒアリングで現場の担当者から得られる情報は、発注側が制作会社と共有する提案依頼書を作るための素材にすぎない。そのため、いきなりダイレクトに「どんなWebサイトを作りたいか」を聞いてもあまり意味は

ない。現場の担当者が自分の商品やサービスについて抱いている想いをざっくばらんに聞き出すことに注力しよう。

ヒアリングシートの例を挙げるので、参考としてほしい **図1**。

プロジェクト名		No.	
担当部署		担当者名	
対象商品			

あなたの担当商品(サービス)の強みやセールスポイントは何ですか?

あなたの担当商品(サービス)の課題や悩みは何ですか?
需要がない／消費者にブランドが知られていない／販路が少ない／クチコミが起きていない など

その商品の直近の売上高や出荷数などの定量的データを教えてください。

その商品についての今後の予定(目標)を教えてください。

プロジェクトの今後の展開や、達成すべき数値目標について教えてください。

その商品の現在顧客、想定するターゲットユーザーを教えてください。

その商品の競合商品や競合ブランド、競合サービスを教えてください。

Webサイトについての要望を教えてください。
こんなことを実現したい!という目的ベースでも、こうしたい!という手段ベースでも結構です。

更新の頻度など、どれくらいのペースでやりたいか、やれそうか教えてください。

その他

図1 ヒアリングシートの例

CHAPTER 3

設計

「設計」フェーズでWebディレクターが担う役割は、要件定義にもとづいたワークフローとスタッフの編成、ワイヤーフレームの作成、デザインガイドライン策定など、多岐に渡る。続く「制作」フェーズが円滑に進むかは、企画や設計にかかっている。

CHAPTER 3
01 設計フェーズで作成するドキュメント

設計はWebサイト制作の成否を左右する重要な局面だ。ここでは、制作に必要な計画や要件を定義していく段階で使われる、企画時のビジネス・ゴールを具体化するためのドキュメントを確認しておこう。

栄前田勝太郎（株式会社ゆめみ）

まずは要件定義の再確認から

設計においては、画面設計書や画面遷移図、ディレクトリマップなどさまざまな成果物を作成する必要がある。要件定義で確定できなかった項目が設計工程にかかってしまうこともあるだろう。

スケジュールの都合から、制作の優先度に合わせて設計を進めてしまうケースを見かけるが、まずは要件定義の再確認から始めることをおすすめする。

改めて要件定義を確認すべき理由は多数ある。まず、設計を担当するメンバーが要件を正確に把握しているとは限らない。また、設計工程でプロジェクトに加わるというメンバーも多い。それに要件定義書だけでは伝わらない情報がある。例えば、プロジェクトが前提としているビジネス的な背景や仕様検討の経緯といった情報は記載されていないことも多い。未決事項や要調整

事項もたくさん残っている。要件定義時点で画面イメージやシステムの仕組みを完全にデザインすることは困難だからだ。

先述のようなこともあり、要件定義書に書かれていない事項が最悪の場合、設計からスッポリと抜け落ちてしまう可能性もある。誤った設計は制作が進んでしまってからの手戻りを引き起こしかねない。

Webディレクターと設計担当者が要件定義の再確認を行うことで、要件定義時点で発掘できなかった問題点も洗い出せるだろう。「何が決定していないのか」「これから何を検討すべきなのか」を明確に示せば設計担当者の納得感が違う。設計の進め方もより的確になる。

ディレクションするためのドキュメント

プロジェクトの要件、内容、規模などによって設計す

図1 ディレクトリマップ例
フォーマットはプロジェクトごとに異なるので一例として確認してもらいたい

図2 Googleドキュメントのファイル管理
Googleドライブ上のファイルの「版を管理」から過去バージョンをダウンロードすることができる

るドキュメントはさまざまなものがあるが、ディレクターとして制作を進めて行く上で必要と思われるものをまとめてみた。参考としてもらいたい。

【必要となるドキュメント例】
- コンセプトシート
- 機能要件
- 機能一覧
- サイト遷移図
- ディレクトリマップ 図1
- 画面設計書
- 制作ガイドライン（デザイン、コーディング）
- 検証シート
- ファイルリスト
- 機能設計書
- システム構成図
- サーバー構成
- データベース設計書

設計ドキュメントの管理

　設計段階では、このように多くのドキュメントが登場し、Webサイトの公開運用にいたるまで利用される。ドキュメントが有効に活用される管理法を身に付けよう。

ドキュメントの品質管理

　設計において作成されるドキュメントは、プロジェクトの進行基準であり、ディレクションを行う上での指標となる。関係者が同じ視点・目標でプロジェクトを進行できるかどうかは、そのドキュメントの品質にかかっているといってもいいだろう。
　ドキュメントを管理する上でのポイントは以下だ。

①すべての情報を記載する
　設計書に記載されていない事項は存在しないと同義だ。プロジェクト進行において、メンバーが迷ったときに確認するのは設計書だ。口頭やチャット、メールでやり取りされた内容もドキュメントに反映すること。

②最新の状態を維持する
　プロジェクトの進行にともない、ドキュメントが更新されなくなってしまうことがある。たとえ小さな変更でも、それが積み重なると大きな差分となる。わずかな修正や変更であっても、必ずドキュメントは更新し、最新の状態を維持することが大切だ。

③更新履歴を記載する
　ドキュメントを更新する際には、必ず日付と内容を更新履歴として記録しよう。更新履歴があれば設計工程における確認や、何か問題が生じたときに原因の特定に役立つからだ。また、ドキュメントを更新した際にはそれをメンバーに通知することも怠らないこと。

④全体の整合性を保つ
　更新が繰り返されると、内容の整合性を保つのが難しくなってくる場合がある。設計・制作フェーズの部分的な変更によって全体の整合性が欠けると、期待された効果が得られない。また、機能面でも仕様が煩雑となり、改修時の負債になってしまうことがある。更新の際には矛盾が生じていないかを確認し、全体の整合性を保つことが必要だ。

ドキュメントのバージョン管理

　基本的に設計書に大きな変更があった場合には、バージョンを上げて別管理を行った方がいい。ドキュメントにバージョン表記を行うのはもちろん、物理的に別ファイルとして履歴を残すことで、バージョンが進んだ際に削除した要素が復活する場合に備えておくことが必要だ。
　バージョン表記については筆者の場合は次のように行っている。

- 主要な内容が揃った…ver.0.1とする
- 細かな要素含めて完成…ver.1.0以降のマイナーバージョンとする
- 大規模な変更が入った…ver.2.0以降とする

　ファイルの管理は、GoogleドライブやDropboxのようなファイル共有ツールのバージョン管理機能を利用するか、Gitを利用してバージョン管理してもいいだろう。ここで大切なのはバージョン管理を習慣化することだ 図2 。
　ドキュメント作成に使用するツールはクラウド上で、同時編集が行えるScrapboxやKibelaのようなツールがある。これらのツールを使うでいつでも最新版を確認・編集することができる。

02 設計フェーズにおける ワークフロー

設計フェーズの作業では、プロジェクトの参加メンバーと相談し、上長やクライアントに確認を取りつつ進める。

タナカミノル(株式会社ピクルス)

制作体制の確認

設計パートは、すでに制作パートに入っているという認識でよい。設計とは、さまざまな与件(問題解決のための前提条件)を精査して、制作物を明確する行為だ。このパートは複数人で挑んだほうがよい。

ディレクターは、デザイナー、エンジニアなど参加メンバーと相談しながら決定をしていく。相談をすることで、見落としがなく、最小の工数になる設計ができるからだ。作成した資料をアップデートしたら、チャットベースでもよいのでメンバーと共有をし「認識の相違が

ないかの確認」と「フィードバック」をもらいながら進める。

さまざまなドキュメント(仕様書)の策定には、プロジェクトの規模によって1週間〜2ヶ月程度かかる。また、上長やクライアントへの出し戻しをマメに行うようにしよう。ここでの認識相違が、のちのち大きな問題になりやすいからだ。もし、工数や費用などの関係で、最適な構成にならなかった場合は、その旨を「未対応事項」や「懸念事項」としてドキュメントに入れておこう。「できないこと」も確認してもらうことで認識相違を回避できる 図1 。

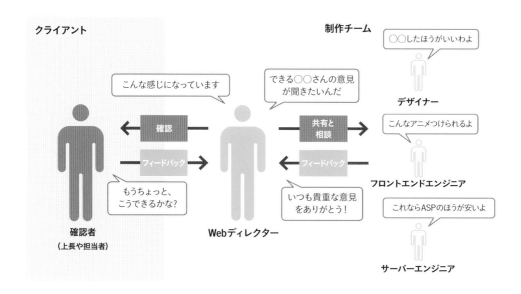

図1 設計パートにおけるWebディレクターの役割
クライアントやメンバーに情報を共有し、的確なフィードバックを得ることが重要な仕事になる

制作フローの確認

基本的な流れでは、大まかなところを決めてから詳細を詰めていく。各段階の成果物ごとに、上長やクライアントからフィードバックを得て、進めよう。詳細まで詰めてから追加与件が発生すると、想定工数を大幅に超えてしまう。石橋を叩いて渡る気持ちで進めよう 図2 。

各ステップの概要と成果物

①要件定義

本書では2章(60ページ参照)で扱っているが、制作に入る前に、企画書やヒアリングをもとに、制作物に求められる与件をシートにまとめ、要件定義を行う。この際、ゴール、達成するための機能、要望など、カテゴリに分けて記載し、優先順位を三段階で付けておくのがよいだろう。また要件が明確になった段階で、スタッフミーティングを行い、認識の一致を図るべきだ。そこでのフィードバックも要件に追加する。

②フロー図作成

ユーザーがサイトに訪れてからゴールまでの流れを記載する 図3 。サイトマップ作成などもここに含まれる。策定した要件から、必要である要素や機能を書き

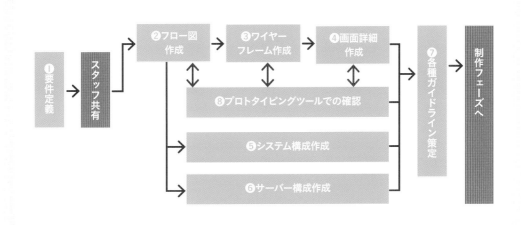

図2 Webディレクターの実務と設計フェーズにおけるワークフロー

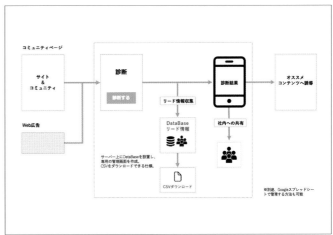

図3 フロー図の例
ユーザーが目的達成するための流れをわかりやすく示すフロー図。筆者は画面構成図を簡易化したものをフロー図として提案している

出し、それをフロー図にまとめていく。

③ワイヤーフレーム作成

作成したフロー図をもとに、そのフローが最適かを確かめつつ、各ページに何の要素が必要なのかを記載して、大枠の画面設計をしていく **図4** 。

④詳細要素の作成

大枠のワイヤーフレームが決まったら、各画面の詳細要素を詰めていく。タイトル、見出し、イメージ、文章など、詳細な内容を決めていく **図5** 。

⑤システム構成図作成

作成したフローから、どういったデータのやり取りが必要なのかをこちらもフローにして記載していく。サーバーサイドを利用せず、フロントのみの実装でもプログ

ラム的な要素がある場合はシステム構成図が必須となる。また、そのシステムが最適である理由も明記する。CMSやAPIを利用の場合も先述の内容に準じた構成図が必要だ **図6** 。

⑥サーバー構成図

想定アクセス数や必要システムから、サーバー構成を作成する。また想定アクセス数でコストが大幅に変わるため、ミニマム構成と最大構成で2種作成するのがよい **図7** 。

⑦ガイドライン策定

各構成をもとに、デザイン、システムなど、制作のベースとなることをまとめておく。もしも制作パートでトラブルが発生した際に、ガイドラインがあれば、即対応が可能だ。

図4 ワイヤーフレームの例
フロー図に基づいてページ構成要素をブレイクダウンする。図はPowerPointで作成したもの

図5 詳細要素の例
ワイヤーフレームから、見出しや本文などのライティングをして、画面設計として仕上げる

⑧プロトタイピングツールでの確認と改善

プロトタイピングツールを利用し、メンバーやクライアントも交えて、問題点を改善していく。この作業ですべての問題点をクリアにし、後から大きな変更がないようにする。

追加与件の対応について

設計パートにおいて、詳細を詰めていくと、想定外の与件が発生することが多々ある。最適化を進めるなら「こうした方がよい結果になる」的な与件だ。

ディレクターはこのような与件が出てきた場合、無視してはならない。コストやスケジュールの関係で切り捨てては、ディレクションをしていないことになるからだ。また、認識していて対応しなかったとしても、責任問題になりかねない。ディレクターは最適解を出すことがミ

ッションの1つであるので対応しよう。

追加与件が発生したら、以下のように進めてみよう。

- メリット、デメリットの洗い出し
- コスト、スケジュールの洗い出し
- 上長やクライアントへのプレゼン

追加与件について明確なメリットが伝われば、意外と追加予算などは出ることが多い。メリットがあるということは、しないことにおけるリスクがあるということになるからだ。リスクをそのままにしておくのは誰でも嫌なものだ。

保険であれば人はお金を出す。とはいえ、対応しないという結果になることも考え、スピーディーに工数をかけずに進めよう。

図6 システム構成図の例
フロントのみの実装でもプログラム的な要素がある場合はシステム構成図が必須。図はPowerPointで作成したもの

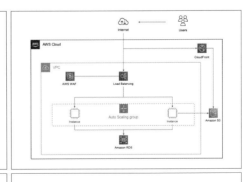

図7 サーバー構成図の例
想定アクセス数やシステム与件を精査して最適なサーバー構成図を策定する。図はPowerPointで作成したもの

CHAPTER 3
03 メンバーの意識を高める チーム作り

チームとは目標を達成すべく集められた人たちの集合体であり、プロジェクトを組織的に遂行していく集団だ。個々の能力を生かし組織としての方向性をまとめ、効率よく目的を達成するためにチーム作りを行う。

栄前田勝太郎（株式会社ゆめみ）

クライアントを巻き込むということ

プロジェクトの規模やクライアントとの関係によって実現の可否は変わってくるので一概にはいえないが、理想的なチームとは「いっしょに考える」＋「いっしょに作る」ことを、クライアントも含めてプロジェクトにかかわる全員で行うことだ。これだけを見ると工数がかかってしまうように思われるが、プロジェクトメンバー全員が意見を出し合うことができる場を作ることはチーム作りにおける第一歩だ。

「よいプロジェクトチーム」を考えたときに「メンバー全員が高いモチベーションを持ってプロジェクトの成果にコミットしている」という関係が理想であるが、実際

に具体的なプランを作り出し、実践することは手間がかかる。

だが、最初はたいへんで時間はかかるが、最終的なユーザーへの価値提供と、それによるビジネス的成果への到達は結果的に早くなる。それを踏まえて、まずはクライアントを巻き込んだプロジェクト体制・チーム作りからはじめることを推奨する 図1 。

メンバーアサインのポイント

プロジェクトメンバーは、プロジェクトの要件やタスクをもとに、各人のスキル、業務経験、稼働状況、コストなどを踏まえた上でアサインを行う。プロジェクトにおけるアサインとは適切な役割・業務を割り当て、最高のパフォーマンスを発揮してもらう、「適材適所」を実現することだ。

アサイン前にはスタッフの稼働状況を把握することも重要だ。ほかのプロジェクトですでに稼働している場合は、途中からのプロジェクト参加や部分的な参加など、稼働可能な範囲での参加を検討するといいだろう。

よいチームになるために必要なこと

よいチームになるために必要な3つの項目がある。

- 明確な目標とゴールの設定
- メンバー各自の役割の理解
- メンバー間の情報共有、自発的なコミット

これらの要素について、順に考えてみよう。

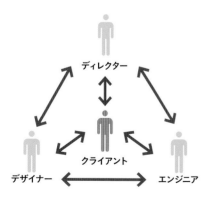

ディレクター

クライアント

デザイナー　　　エンジニア

図1 クライアントを含めた体制図
ディレクターを中心にチームが機能するのではなく、ディレクターを起点に機能するようにする

明確な目標とゴールの設定

明確な目標・方針があった上で、メンバー全員がチームの目標や方針を同じ目線で捉えている必要がある。さらに、目標に到達したゴールの具体的なイメージまでも共有されれば、より一層、意識も高まる。

メンバー各自の役割の理解

メンバーが自分の役割、やるべき行動を理解している。各々が自分の役割を全うし、臨機応変に対応できることが大切だ。

情報共有、自発的なコミット

自主的かつ積極的に参加、情報を提供すること。これらをメンバーに習慣づけていくことでチーム内の関係性の質を高めていくことにもつながる。

チーム作り・チーム運営には、常にこの3つを意識し、留意して働きかけることが欠かせない。

チームワークがもたらす効果

チームワークとは、目標を達成するためにチームメンバーで役割を分担して協働すること 図2 。
チームワークがよくなると、チームには以下のような効果がもたらされる。

相乗効果が生まれる

一人ずつ個人の個性は異なる。それらがぶつかり合い、統合を繰り返す作業によって、仕事の精度は格段にアップする。アイデアは無限に湧くものではなく、得意・不得意分野は人それぞれ異なるので、一人ではどうしても強い部分と弱い部分がある。しかし、例えば十人のチームで仕事に取り組めば、一人一つの企画を出すとしても十個のアイデアが出揃うことになる。そのアイデアをかけ合わせることでさらにアイデアを広げることができるかもしれない。

作業効率が上がる

個人作業よりもチームで作業した方がはるかに効率がよく、スピードが早い。チームで仕事に取り組む際には、まず役割分担を決める作業からはじまる。Webの仕事はAさん、マーケティングはBさん、営業はCさんという風に、それぞれのスペシャリストを揃えたチームの場合、確実に作業効率がよくなるのは当然だ。

仕事への意欲が強くなる

気持ちの面でも、努力面でも、個々が持つ仕事への意欲が大きな成果を上げるための第一歩だ。それらが集まりチームとなることで、仕事への思い入れや責任感などさまざまな感情が芽生える。一人で仕事に取り組むのとは比較にならないほど、チームで仕事をする際には仕事への意欲が高くなる傾向がある。

図2 チームの成立条件
チームはある目標に向かって集まった組織体であり、成立条件としてこの4つが挙げられる
参考文献：山口裕幸（2008）『チームワークの心理学 ～よりよい集団づくりをめざして～』（セレクション社会心理学24）サイエンス社

タスクの構造化とスケジュール

多岐にわたる属性のメンバーで進めるプロジェクト束ねるには、明確なスケジュールとタスク設計が必要になる。ここではスケジュールとタスクについて解説する。

栄前田勝太郎（株式会社ゆめみ）

WBSでスコープとゴールを設定する

WBS（Work Breakdown Structure：ワークブレイクダウンストラクチャ）は、「Work ＝作業」を「Breakdown ＝分類、分解」して「Structure ＝構造化」することだ。プロジェクトのスコープを管理するためにタスクを細かく分解したものといってもいい。

プロジェクトのゴールにたどり着くためにどんな作業があるのか、それを明確にし、プロジェクトメンバー全員で共有するためタスクをすべて分解する。その際には成果物を目安にカテゴリ別に考えていき、それに紐づく詳細なタスクを書き出すといいだろう。

誰が何をするか、タスクを細かく洗い出す

「デザイン」とか「コーディング」といった大項目ではなく、例えば「デザイン」の場合、以下のように細分化することができる。

- デザインイメージの確認
- ラフデザイン案作成
- クライアント確認／フィードバック（1）
- 最終デザイン案作成
- デザイン修正
- クライアント確認／フィードバック（2）
- デザイン確定

細かい作業工数を確認、把握するためにも作業項目レベルまでタスクとして分解した方がいいだろう。

またWBSをどんなに細かく作成しても、最終的にそれを誰がやるのかがわからなければ、誰も手をつけなく

てスケジュールが遅延する。必ず、「誰が」「何を」「いつまでにやるのか」を明確にしておく必要がある。

タスクの依存関係を意識する

すべてのタスクには「これが終わらないと、それは始められない」や「これが始まらないと、それも始められない」という依存関係がある **図1**。例えば、次のようなケースだ。

> タスクA：原稿提供
> →タスクB： デザイン作成（Aが完了したら着手）
> →タスクC： クライアント確認（Bが完了したら着手）
> →タスクD： 別デザイン案作成（Cが完了したら着手）
> →タスクE： クライアント確認（Dが完了したら着手）

しかし、この依存関係は必ずしも「完成したら着手」ではなく、以下の例のように同時並行で進められる場合が多々ある。

> タスクA:原稿提供
> →タスクB： デザイン作成（Aが完了したら着手）
> →タスクC： クライアント確認（Bが完了したら着手）
> タスクD： 別デザイン案作成（Aが完了したら着手）
> →タスクE： クライアント確認（Dが完了したら着手）

ここではタスクDは、Aが完了した時点で進めている。「原稿支給」の時点で、次の構成はある程度考えられる場合があるので、次のタスクをこの時点で進めることができる。

WBSを使ってスケジュールを組み立てる

構造化、分解されたタスクにそれぞれ必要工数を設定すれば、スケジュールが出てくる **図2**。

そのスケジュールとクライアントが希望するスケジュールとの間にはおそらく乖離があると思われるが、タスクを洗い出して、依存関係をきちんとつなげていれば、その作業がどんなもので、ほかのタスクとどうかかわるか明確になっているはずなので、「調整」を行うことができる。

スケジュールを短縮するにしても、どのタスクが重要で、どこならチャレンジができるのかを把握するためにはまずきちんとタスクを構造化する必要がある。

クリティカルパスを意識する

クリティカルパスとは「所要時間が最長の経路」。これは、ひとつのタスクの話ではなく、前後のタスクの連なりの話だ。WBSで依存関係を意識してタスクをつなげば、いくつかのタスクが連なった「経路のグループ」ができる。その中で最長の経路がクリティカルパス。これがプロジェクトの開始から終了までをつなぐ経路になる。この経路に入っているどこかのタスクが遅延すればプロジェクト全体も遅れることになる。逆に、クリティカルパスではないタスクを短縮してもプロジェクト全体の短縮にはならない。

バッファを持たせる

制作期間が長いプロジェクトで、1ヶ月先などの予定を立てることが難しい場合は、工数を確定できるタイミングで、スケジュールの再設定を行う予定日を予め設定しておく。ただし、最終的に期間と工数が合うか考え、可能であれば早い段階のタスク期間を縮小するなど、後半のスケジュールに余裕を持たせることが必要になる。

2〜3ヶ月のプロジェクトであれば1週間程度、半年くらいになると2週間のバッファを持たせておくのがいいだろう。

図1 タスクの依存関係のパターン
タスクが依存関係となる4つのパターンを図で示している

	項目	担当	開始日	終了日
1	**サイト分析・仕様策定**		2023/1/13	2023/1/31
1-1	コンテンツ確認	リズムタイプ	2023/1/13	2023/1/31
1-2	サイト構造見直し	リズムタイプ	2023/1/13	2023/1/31
1-3	サイト仕様策定	リズムタイプ	2023/1/13	2023/1/31
1-4	サイト仕様確定	MdN	2023/1/13	2023/1/31
2	**デザイン**		2023/2/3	2023/2/28
2-1	画面構成要素策定	リズムタイプ	2023/2/3	2023/2/28
2-2	プロトタイプ作成	リズムタイプ	2023/2/3	2023/2/28
2-3	ベースデザイン	リズムタイプ	2023/2/3	2023/2/28
2-4	下層ページデザイン	リズムタイプ	2023/2/3	2023/2/28
2-5	デザイン確定	MdN	2023/2/3	2023/2/28
3	**CMS構築**		2023/2/10	2023/3/13
3-1	CMS仕様策定	リズムタイプ	2023/2/10	2023/3/13
3-2	CMS仕様確定	MdN	2023/2/10	2023/3/13
3-3	CMSテンプレート開発	リズムタイプ	2023/2/10	2023/3/13
4	**サーバ導入**		2023/1/20	2023/1/31
4-1	サーバスペック検討	MdN	2023/1/20	2023/1/31
4-2	サーバ契約	MdN	2023/1/20	2023/1/31
5	**システム開発**		2023/2/24	2023/3/6
5-1	お問い合わせフォーム開発	リズムタイプ	2023/2/24	2023/3/6
6	**コンテンツ移行**		2023/2/10	2023/3/11
6-1	移行ページ確認	リズムタイプ	2023/2/10	2023/3/11
6-2	移行対応	リズムタイプ	2023/2/10	2023/3/11
7	**原稿作成、提供**		2023/1/27	2023/2/14
7-1	原稿提供	MdN	2023/1/27	2023/2/14
8	**テスト**		2023/3/9	2023/3/13
8-1	動作テスト	リズムタイプ	2023/3/9	2023/3/13
9	**納品（公開）**		2023/3/23	2023/3/27
9-1	公開対応	リズムタイプ	2023/3/23	2023/3/25

図2 WBSの例
一例としてシンプルなWBSを挙げる

CHAPTER 3
05 フロー図を作成する

ゴールとペルソナから要素を洗い出して、ユーザー導線のフロー図にまとめていく。ここでは、フロー作成時に決めることから、実際のフロー図制作の例までを紹介する。

タナカミノル(株式会社ピクルス)

フロー作成前に決めておくこと

設定されたゴールとペルソナをもとにユーザー導線のフロー図を作成していくのだが、その前に、次のような流れで、掲載するべき情報を書き出していく。

①ゴールを確認する

ペルソナとゴールの確認をする。

②4つの購買心理から、フックになることを書く

購買行動の「検討時」に「ゴール」までつなげるためには、必要性・優位性・信頼感・安心感の4つの購買心理を満たす必要がある。この4つの購買心理をベースに、ユーザーの「フック(引き)」になる事項を書き出してみよう 図1 。

③コンテンツを羅列する

ペルソナがゴールを達成するために、そのサイトの中で伝えるとよいと思えることを、出すべき情報(コンテンツ)

として書き出す。また製品やサービスとして伝えなければいけないこともいっしょに羅列し、優先順位を付けていく。

フロー図作成ツール

フロー図作成については、今でもPowerPointといったビジネスソフトの利用が多いが、フロー図作成に特化したツールもある。「Cacoo」や「Lucidchart」がその代表格だ 図2 図3 。

すべてにおいてスマホ用をベースとする

すでにWebにおけるアクセスは7割がスマートフォンとなっている。BtoBに特化したサービスでない限りは、すべてスマートフォンをベースに作成をする。

また情報の表示量もPCに比べると少なく、離脱率も高い特性も持っているので、情報もかなり絞ってわかりやすくする必要が出てくる。これしか情報がなくてよい

必要性	優位性	信頼感	安心感
ユーザーにとって、商材を利用しないといけない情報や理由	競合ジャンルや競合商材より、この商材が優れている情報や理由	商材がユーザーに対して成果を上げると感じさせる情報	利用に対して、ユーザーが不安を払拭できる情報

図1 4つの購買心理

のかな?と思う程度で十分だったりするため、書き過ぎないように注意が必要だ。

サイト種別ごとの参考記載事項

サイトの種類によって、フロー図に記載すべき内容やフックはだいたい決まっている。例を挙げたので参考にしてほしい **図4** 。

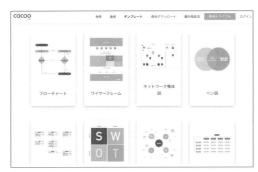

図2 Cacoo
フロー図やサイトマップだけではなく、ワイヤーフレームまで作成できる、オンライン共同作成ツール
https://cacoo.com/lang/ja/

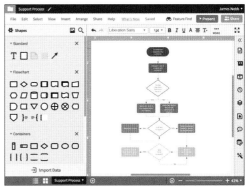

図3 Lucidchart
無料で使えるフローチャート作成ツール。共同編集も可能
https://www.lucidchart.com/pages/ja

	BtoBサイト	製品サイト	ランディングページ (例：健康食品)	キャンペーンページ (例：Twitterキャンペーン)	オウンドメディア (例：旅メディア)
ペルソナ	新規取引先検討層をベースにしたペルソナ	製品購入検討層をベースにしたペルソナ	健康を気にしている人や体調に不安がある人などをベースにしたペルソナ	懸賞ファン 全方位的に一般的なWeb利用者	旅行によく行く30〜40代の女性
ゴール	知りたい情報に簡単にたどり着き、理解でき、問い合わせをしてもらう	知りたい情報に簡単にたどり着き、製品に好印象を持ってもらい、ECサイトで直接購入してもらう	申し込み	製品やサービスを覚えてもらい、購入や利用を検討してもらうシェアしてもらう	オウンドメディアの情報から、旅行の予約を自社サービスで行ってもらう
フック	●ほしいサービスや製品がある ●コストが低い ●実績が豊富 ●信頼度が高い	●見た目が良い ●ほしい機能がある ●技術がすごい ●コスパがよい ●評判がよい	●健康によい成分が入っている ●コスパがよい ●評判がよい	●おもしろい ●プレゼントがほしい ●申し込みが簡単	●知りたいホテルや場所の最新の情報 ●テレビや雑誌などで話題の場所
出すべき情報	●主力製品やサービスの紹介 ●企業情報(資本金) ●過去の実績・導入インタビューなど	●デザインのよさ・ステキな特徴 ●裏付けされた技術 ●安い ●ユーザーズボイス・著名人の推薦など	●効果効能・科学的な裏付け ●成分が濃い ●あなたも実は対象者だ ●こう考えれば安い ●購入者の声など	●製品やサービス情報 ●プレゼント情報 ●ゲームや診断などの体験を通じて、製品やサービス情報を伝えるなど	●各場所でのオススメスポット ●通常メディアでは取り上げないディープスポット ●最新トレンド ●現地に行く前に見るべき映画と本など

図4 サイト種別ごとの参考記載事項
代表的なペルソナ、ゴールをもとに、フックや出すべき情報の典型例をまとめた

フロー図の作成方法

　ユーザー導線のフロー図の作成方法は、意外と簡単だ。前項で羅列した「出すべき情報(コンテンツ)」をベー

スに、流入からゴールまでを記載していく **図5**。回遊系であれば、いったんできあがったあと、サイトマップに落とし込むことができる。

　コツはユーザーの気持ちを考えることだ。「次にこの

1. 最初に流入とゴールをオブジェクト化する

2. 出すべき情報をオブジェクト化する

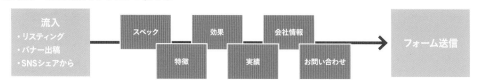

3. オブジェクト化した情報を流入からゴールまで違和感がない形に並べる

4. 各オブジェクトに例やさらに細かく伝えたほうがよい情報を記載していく。
ユーザーが興味を持ち続けるためにを考えキャッチコピーも入れるとよい

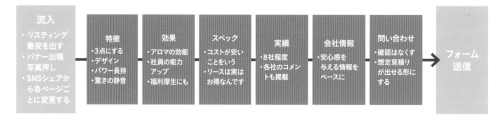

5. 並べ替えをして、ほかにも最適な順番がないかを確かめる

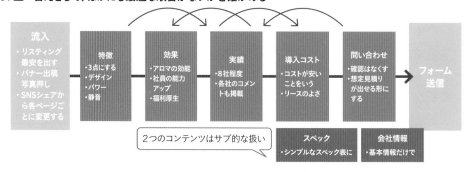

図5 フロー図の作成方法
フロー図が完成したあと、 回遊系であればサイトマップに落とし込む

情報が来たら突然すぎるよな」「この流れだと飽きちゃうよな」などを考えながら、フローにしていく。**図6**・**図7**には参考例を示す。

また、作成したフローは、入れ替えもしてみるとよい。

自分で最適だと思っていた流れが、入れ替えをすることで、そうでもなかったりし、最適な流れにできる可能性があるからだ。

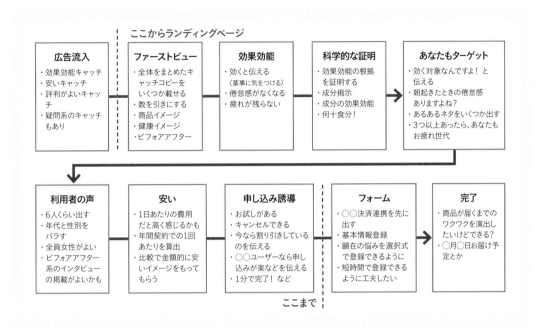

図6 参考例1：ランディングページのフロー
1ページだけのランディングページでもフロー図は作成するべきだ。ワイヤーフレーム作成時にフロー図があると作成がとても楽になる

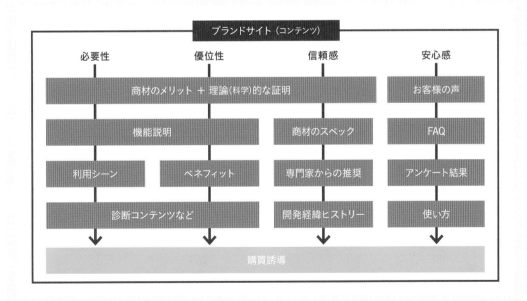

図7 参考例2：ブランドサイトのフロー
4つの購買心理を抑える形でコンテンツを提示していく

CHAPTER 3
06
ワイヤーフレーム作成の準備

フロー図をもとにいったんワイヤーフレームを作成し、要素に抜けがないかを確認する。ワイヤーフレーム作成と画面詳細作成はいっしょに行うことも多いのだが、別々にしたほうが考えを整理できてよい。

さまざまなワイヤーフレーム作成ツール

ワイヤーフレームの作成方法には、手描きとデジタルの両方があり、ツールによってもそれぞれ特徴がある。

①ペーパー

紙などに手描きで書く方法 図1 。スピード面では一番速い作成方法。ホワイトボードに書く場合もある。メリットはすぐに書けてミーティング中なども認識合わせがしやすい点。初期の認識合わせとして利用するのに適している。

②Adobe XD

近時多くの制作会社がプロトタイピングにAdobe XDを利用している 図2 。元々プロトタイプ作成のために開発されたが、近頃はプロトタイピングツールの枠を超えて、フロー図、ワイヤーフレーム、デザイン作成、もちろんプロトタイプ作成まで、すべて一元的に作成できる統合ツールになっている。

③Cacoo・Prott

Webブラウザベースのアプリ。ボタンやメニューなどのオブジェクトが多く用意されており、簡単に使え、素早くワイヤーフレームが作成できる。ほかにもフローチャート・システム構成図・ガントチャートなどのテンプレートも用意されており、Webディレクションで必要な資料の作成はすべてカバーできる。

④PowerPoint

目的がまったく違うツールだが、まだ現場ではよく使われている。メリットは、ほぼすべてのユーザーが使えるアプリなので、誰でも修正や変更が可能な点だ。

図1 ペーパープロト
スピードが大事な際は、やはり紙。字が汚くても、気にしないで作成しよう

図2 Adobe XD
AdobeXDは、フロー図作成からプロトタイプ作成まですべてカバーされている統合ツール

Office365であれば共同編集機能もあるので、複数人での作業も可能だ。

共通要素をまとめる

ワイヤーフレーム作成の前に、すべてのページに共通する要素を洗い出しておこう。これらは共通ヘッダー、共通フッターにまとめることになる。

ロゴ、シンボル

ブランドロゴやサービスロゴ、コーポーレートロゴ。

共通メニュー

企業サイトや製品サイトではコンテンツのボリュームが増えるため、メニュー（グローバルナビゲーション）が必要だ。ランディングページでは離脱につながりやすくなるので入れないほうがよいであろう。メニュー種別には主に以下の3種類ある 図3 。

①ハンバーガー型

一番よく使われるメニュー。後からメニューの増減もしやすい。ただし、タップしなければ表示されないこともあり、ユーザーに利用されにくい面もある。

②下部固定型

アプリなどで主流の型。サービスなどで、頻繁にページを推移させたい場合は有効。表示領域を取るため、5つ以下でアイコン化をする必要がある。

③ページフッター型

各ページの最下部にメニューを表示する方法。ページの読み終わりにメニューがあることでユーザーの回遊率が上がる。

PCサイトのヘッダー

PCサイトでは、横並びグローバルメニューがよく使われる。プルダウン表示を利用してメニュー数を多く取ることも可能。スクロール追従させ常に導線確保をする形も増えている。

SNS連携

Facebook、Twitter、LINEへのシェアや公式アカウントへの誘導ボタン。ページのヘッダーやフッターに入れることが多く、アイコンとして表示されるのが主流。

コピーライト

ほとんど装飾と化してしまっているが、著作権表示である。最近は、年度を記載せず次のように表記するのが主流。

©MdN Corporation, an Impress Group Company.

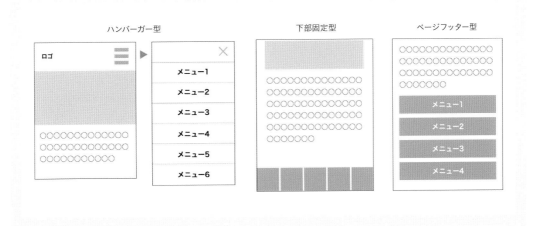

図3 主な共通メニュー3つの型

ワイヤーフレームの作成方法

フロー図の情報を再構成しながら、ワイヤーフレームを作成していく。あらかじめ用意しておいたページの要素を、イメージ、見出し、説明文に分解していく。

タナカミノル(株式会社ピクルス)

レイアウトパターンは1つで事足りる

モバイルファーストのWebデザインにおいては、レイアウトパターンはほぼ1つに集約されている。基本は「キャッチ」→「コンテンツ」→「ゴール（コンバージョン）」の3つのパートから成り立っており、**図1** の組み合わせになる。

Aパートは、ファーストビューでキャッチ領域なので、ロゴ、メニュー、メインイメージ、タイトル、キャッチコピー、概要などを記載し、コンテンツに興味を持ってもらう。

Bパートは、コンテンツ部分で、見出し（キャッチコピー）、本文、イメージが配置される。イメージの場所については見出し前や後になってもかまわない。コンテンツ部分は通常複数の章からなっている。コンテンツ量が多い場合は、階層化させた構造にしよう。

Cパートは、コンテンツを体験した後に、ユーザーにしてもらいたいことの配置場所だ。申し込みボタンや、ほかのコンテンツの紹介、シェアボタンなどを配置する。イレギュラーな構成でない限り、この基本パターンを利用して、ワイヤーフレームを作成するべきだ。PCのワイヤーフレームについては、スマートフォン版が画面詳細まで完成して、上長の確認を取ってからの作成でよい。

またPC版もレイアウト的にはシンプルに考えてよい。2カラムにし、サイドの扱いは誘導領域とする。

ワイヤーフレーム作成法

まず、フロー図からワイヤーフレームに落とし込む際に、複数のフロー工程でも同一ページにまとめられるところはまとめてしまう**図2**。ユーザーにタップやクリックをさせないで最終ゴールまで到達できるなら、それがベストだ。広告出稿で考えたら、ワンクリックは「スマホ10円」、「PC100円」だからだ。

Aパート(キャッチ領域)　　　Bパート(コンテンツ領域)　　　Cパート(誘導領域)

図1 ワイヤーフレームのレイアウトパターン
「キャッチ」「コンテンツ」「誘導」の3つのパートから成り立つ

そしてページ分けが決まったら、各ページごとにA、B、Cとパートごとに詳細レイアウトを作っていく 図3 。基本はフロー作成時にメモしたところを、要素ごとに分解していく形だ。あらかたレイアウトができたら、見直して気になったことをメモに記載していく。

HTMLの階層化構造を知っていると作りやすい

HTMLでは、<title>はタイトル、<h1>は見出し1など、HTMLは階層化した構造で成り立っている。これは HTMLがそもそも論文発表のために作られた言語だからだ。HTMLを作った頭のよい人が、すべての文章(特に論文など)は階層化した構造で成り立っていることを知っていたため、それに最適化した表示プログラムを作ったのである。

論文の伝え方は「答え→なぜならば」を階層化して、証明を行っていく。Webにおいても、基本はこの伝え方がベースになっている。フロー作成、ワイヤーフレーム作成は、論文作成のような階層化構造を意識すると作りやすくなる。

❶フロー図を3パートに振り分ける
フロー図からページごとに振り分け、ベースのレイアウトに、フローでのオブジェクトを配置していく

❷各パートの詳細要素を記載していく
画面詳細作成時のために内容を記載していく

図2 ワイヤーフレームの作り方
イレギュラーでない場合は3パートの構成で仕上げる

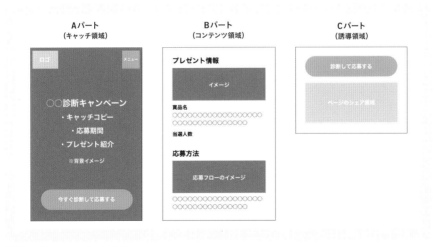

図3 ワイヤーフレームの参考例
キャンペーンサイトのワイヤーフレーム

CHAPTER 3

08 詳細要素の作成

ワイヤーフレームで未定要素になっている詳細まで作成できれば、画面設計として使える書類になる。
ダミーのままだと結局イメージがつかめない中途半端なものになるため、詳細まで決めるようにする。

タナカミノル(株式会社ピクルス)

各要素の役割

このパートではワイヤーフレーム作成でできあがった各要素の内容を詰めていく。要素ごとに何を伝えるべきなのか、順番に紹介しよう。

タイトルとキャッチコピー

検索結果に出てくるところ。SEO的な観点でタイトルは32文字以下でといわれているが、人間がパッと見で認識できる文字数は13文字程度だ。

「46億年の奇跡を見逃すな！｜生物の起源」といったように、前半は13文字以下のキャッチコピーにして、後半は内容をちゃんと伝えるタイトルにする。そして合計32文字程度に抑える。

見出し

タイトルと同じ考え方で作成する。内容を凝縮したもの。こちらもキャッチコピーを入れる形にして説明文を読みたいと思わせるようにする。

メインの文章

具体的な文章は必要ないが、伝えるべき内容の箇条書きをしておく。

画像

イメージがないとまったく読まれないと考えるべきだ。ほとんどの人は、ページを開いても画像と見出ししか見ておらず、興味を持てたらやっと本文を読むのだ。

画像にかかわる詳細の設計はデザイナーと話し合いながらで進めよう。

それができなかったら、具体的なイメージを探すのは後にして、何を入れたら「伝えたいことが伝わるか」「こんなイメージがあったら読みたくなる」などをキーワードでまとめる。そのキーワードを画像提供サービスやイメージ検索などで検索し、イメージに近いものを枠にはめて共通認識用の資料とするのもよい。イラスト素

図1 かわいいフリー素材集いらすとや
無料で利用できるイラスト素材。20点までなら商用利用も無償
http://www.irasutoya.com/

図2 Shutterstock
3億点以上のロイヤリティフリー画像素材を公開
https://www.shutterstock.com/ja/

材は「いらすとや」、写真素材は「Shutterstock」が筆者のおすすめ素材サイトだ 図1 図2 。

図・表

ユーザーが内容を理解しやすくするためには、図や表は重要だ。文章を図や表にすることでわかりやすくなるのであれば、すべて置き換えよう。文章は無くしてしまう気持ちで置き換えていく。このパートもやはりデザイナーと話し合いながら進めるほうがよい。また図解はいくつかの基本パターンがあるので、それをもとに伝えやすそうなものがあれば、入れていこう 図3 。

ボタン

ボタンにのせる文言はできるだけワンワードにする。ただし、次の画面の導入になるようなボタン名であれば長くてもよい。ボタン自体にもキャッチとしての意味を持たせる 図4 。

このように、それぞれのパートを具体的な形に落とし込めば、ワイヤーフレームから画面設計として使える構成書になっているはずだ。デザイントーンの選定の書類をもとにデザイナーと進めていく。

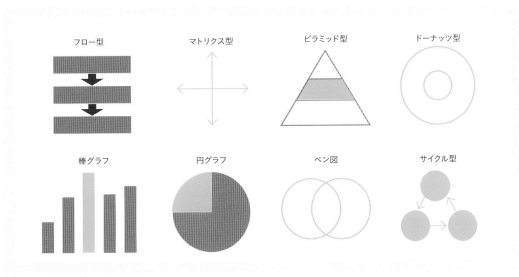

図3 基本的な図解の形状
基本パターンを利用して、ひと目でわかりやすい印象にする

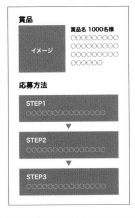

図4 ボタン
ボタンなどにのせるワードは重要なので、本番で使うものを入れる

CHAPTER 3

09 コピーライティングの方法

コピーライティングとは、宣伝するための文章だ。よいコピーは興味関心が高まり購買行動につながる。
どんなWebサイトであっても必要なスキルなので、気をつけるべきポイントをまとめておく。

タナカミノル(株式会社ピクルス)

キャッチコピーの作成方法

　画面詳細を作成していく際に、ディレクターとして避けては通れないのが、各種ライティングだ。レイアウト、イメージ、図・表などは、デザイナーと相談しながら進められるが、「タイトル」「見出し」「説明文」などのライティングはディレクターが作成することになる。もし、別途依頼する予定であっても、ライターに方向性を指示しな

キャッチコピーを書くための基礎テクニック

・効果を具体的に細かく書く
整腸効果→「下痢に効く」
痩身効果→「二の腕が細くなる」

・具体的な数値を出す
「高濃度22mg」
「92.8%がよいといってます」

・置換をすることでわかりやすく
「レモン100個分」「1食あたり18円」

・簡単さを出す
「誰でもできる」「たったの1ヶ月で」「1日5分で」

・メリットをベネフィットに
「下痢に効く」→「急な腹痛がきても安心」

・限定感を出す
「今だけ」「ココだけ」「本日最終日」

・トレンド感を出す
「ハリウッドセレブが」「○○でNo1」
「TikTokで話題」

・時間を使う
「80年間変わらない味」
「3ヶ月の熟成期間」「職人が1ヶ月かけて」

・新しい言葉を使う
「○○菌」「○○製法」

・問い掛けにしてみる
「知ってますか?」「いくつ知ってる?」

・類似語を調べる
ダイエット→・シェイプアップ・カラダを絞る・脂肪を燃やす 図1

・語源を調べてみる 図2
英語の「diet」は、ギリシャ語「diata」から派生し「日常の食べ物」という意味に転じた言葉。そこから、「肥満」などに対する、「食事療法」や「治療法」といった意味を持つようになった。

・心情を表現する言葉と組み合わせる
「スピード」→「驚きのスピード」
「満足の」「納得の」なども組み合わせやすい

・感嘆符「!」を付ける
我慢せず!食べて!!痩せた!!!

・Google検索を使う
サジェストの2ワード目と3ワード目を使ってキャッチコピーを考えてみる 図3。

ければならないので、書く能力は必要になってくる。

このライティング業務の中で、一番難しいのがタイトルや見出しのキャッチコピー化だ。タイトルや見出しは、当たり前に書いただけでは引きがないので、キャッチコピーにする必要がある。ここではキャッチコピーの書き方の基礎を記載する。

まずは、タイトルや見出しとして「全体やその章を要約したもの」を記載していく。そして「要約したこと」に興味を持ってもらうための、キャッチコピーを記載する。

キャッチコピーは言葉の通り「キャッチ」することが目的だ。何をキャッチするのかというと、その人の興味である。極端にいえば、興味を持ってもらうためであれば何を書いてもかまわない。コピー的にまずいものがあれば、使わなければよいだけだ。左ページの一覧表には、書く際のヒントをまとめた。それぞれ当てはまりそうなところでキャッチコピーを記載してみよう。

コピーライティングの上達法

まず、Web・雑誌・TV・街中などで気になった広告があったら、すぐに写真に撮る。そして、なぜその広告が気になったのかを言語化する **図4**。「自分がキャッチされた理由」を言葉で分析するのだ。グラフィックが気になった場合も、同様にすればデザイン力を磨くのに役に立つ。こうした練習を続けていると、自分の中でどんなワードの組み合わせが人の興味をキャッチしているのか、パターンが見えてくる。

また、とにかく大量に書くことも大事だ。人の興味をキャッチする方程式がわかったからといっても、語彙が少ないとよいキャッチコピーは書けない。脳内データベースに言語を貯め、すぐに使えるようにストックするのだ。書いたものは必ず他者にレビューしてもらおう。他人の目に触れ、感想をもらい改善していくことで、確実な力となっていく。

図1 Weblio
類似語を調べるには「Weblio」が使える
http://thesaurus.weblio.jp/

図2 語源由来辞典
語源を調べられる検索サイト
http://gogen-allguide.com/

図3 Google 検索
キーワードを入力してスペースキーを押すと第2、第3のキーワードの組み合わせが表示される

図4 気になった理由を言語化する
「なぜ、気になったのか」を言語化する練習を重ねていくと、人の興味を引く言葉の組み合わせをパターン化できるようになる
（イラスト提供：いらすとや）

10 プロトタイピングツールでの確認と改善

「プロトタイプの作成」や「プロトタイピングツールの利用」は、これからのWeb制作のフローにおいて必須になってくる重要な工程だ。

タナカミノル(株式会社ピクルス)

プロトタイプでの確認の必要性

人間は「よいところを伝えるのは下手」だが「悪いところを指摘するのは得意」にできている。この人間の心理を利用した「改善」が、プロトタイピングツールによる確認だ。プロトタイプとは、本番前に、問題点を洗い出すための「試作機」のことである。試作という言葉の通り、試しに作るのであって、このお試し成果物で問題点を洗い出し、改善を行うことが目的だ 図1 。

なぜプロトタイプでの確認が必要になってきたかというと、結局のところ、使ってみないとわからないことが多いからだ。1ページのランディングページでも、使ってみないとわからないことは意外に多い。まして、複数ページを横断してゴールまで達成させなければいけないWebサイトには、プロトタイプで検証して初めてわかることが多数ある。同様にWebアプリケーションでもユーザーが迷わないUIが求められるサービスでは、プロトタイプによる確認で大きなUI変更が出やすい。

また、プロトタイプでの確認をせず進めた場合、後から修正や改善点が発生したときに、追加コストが高くつくことが多い。特にシステム開発が必要なサービスは、プロトタイプでの確認は必須といってもよいだろう。

プロトタイピングツールとは?

プロトタイピングツールは、Webサイトやアプリのプロトタイプを簡単かつ低コストで作成できるのが強みである。ほとんどのツールがグループワークを想定しているので、ツール内でフィードバックができるのも利点だ。現在主要なツールに「Prott」、「Invision」、「Adobe XD」がある。

プロトタイプでの確認作業

プロトタイピングツールでワイヤーフレームを作成したら、多人数でレビューし、フィードバックを受けるよう

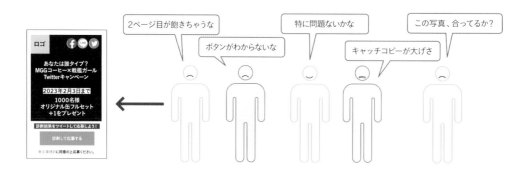

図1 プロトタイプ段階での確認

にする。可能であれば、ペルソナに近い人をアサインするべきだ。プロトタイプのレビュー担当者には次のような点を確認してもらう。

- 情報が理解できたか?
- 違和感を感じなかったか?
- 迷わないでゴールまで到達できているか?
- 自分がどこにいるかわかったか?

レビュー担当者は、各画面で気になったところをメモする。メモには、いきなり改善法を書くのではなく、わかりにくい点や離脱したくなった理由など、自分が嫌だなと思ったことを記載してもらう。改善法を先に書いてしまうと、ほかの解決法があるかもしれないのに、その可能性を潰すことになるからだ。もし改善法も書くのであれば、改善例として記載するに留める。

改善方法の明示と反映

改善計画も、複数の制作メンバーから改善法を出してもらうほうがよい。各問題点に対して改善法が複数出てきたら、ディレクターとして採択案を選び、画面フローの順序や、ワイヤーフレームに反映を行おう。プロトタイプを行うタイミングは、「ワイヤーフレーム作成後」「画面詳細作成後」「デザイン作成後」などだ。

プロトタイプの工程は、当然コスト高になる。先に、上長やクライアントにプレゼンをし、可否を判断してから進めよう。また、費用やスケジュールの関係でプロト作成は「やらない」という判断が下ることもある。そんな場合のプレゼンのポイントは、ほかの案件で利用したプロトタイプを、実際に触れてもらえる形にしてみるといいだろう。使用感がわかるとそのメリットが明確に伝わるからだ。

プロトタイピングツールを利用した改善事例

下記は実際にプロトタイピングツールを利用して、改善を行ったUIデザインだ **図2**。見た感じが大きく違うので、まったく違う機能になっているように見えるが、2つのUIデザインはまったく同じ機能を持っている。

初期案からバージョンが9つあり、レビューごとに少しずつ変更していき最終案となった。初期UIデザイン案は、機能ボタンが並列でユーザーが何をしたらよいかわかりづらいが、最終UIデザイン案は、ステップを設けてユーザーがどう選択をしたらよいか優先順位が明確になっている。また表示領域もとらない形となっており視認性も向上した。

実際の利用者からも、この改善により使いやすくなったという多数の声をいただき、この機能を利用することでの問い合わせもゼロになり、サポート費を削減することに貢献した。

このようにプロトタイピングツールを使うと、実際にユーザーがどういったシチュエーションにおいて使うかが明確になり、最適な解を導きやすくなる。

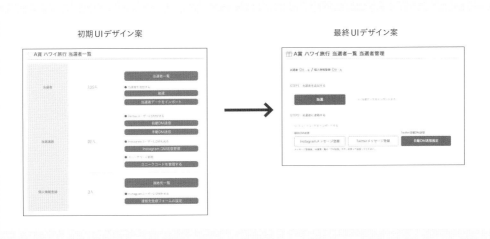

図2 プロトタイピングツールを利用した改善事例

CHAPTER 3
11
デザインガイドラインの策定

プロジェクト規模の大小を問わず、デザインガイドラインを策定しておくと、制作スタッフの工数削減に役立つ。実際に使うのは制作フェーズにおいてだが、設計資料の一部として、ここで採り上げる。

タナカミノル(株式会社ピクルス)

デザインガイドラインの必要性

デザインガイドラインとは「デザインの統一性」のために、さまざまなデザイン要素の指針およびルールをまとめたもの。複数人でデザインを分担し、作成する場合には必須のものだ。優れたデザインガイドラインは「ユーザビリティの向上」にも寄与し、結果としてユーザーがサイトに訪れた際、適切な情報を取得しやすく、目的を達成しやすいサイトづくりに貢献する。

デザインガイドラインを策定することで次のメリットもある。

- 判断に迷わない分、制作工数が削減できる
- ディレクターもデザイン判断の指標にできる
- デザイン提出時に、クライアントや上長への説得材料として使える
- 使用する色やマージンなどが指定されているので、実装の際にも工数を減らせる
- 新規メンバーへの共有コストを削減

資料	概要
作成したデザイン案	各パーツだけのガイドラインのみだと、どう使われるのかがわかりにくくなるので、完成形を明示する。
ページレイアウト	利用できるレイアウトパターンとそれぞれの役割を明示。
文字関係	フォント(Webフォント)・サイズ・色・字間。見出しや本文など利用する場面に合わせて指定。文章の行長も指定。
オブジェクトの空き	オブジェクトの上下左右マージンやパディングを明示。
カラー	利用できる色をカラーパレットとしてまとめる。各カラーの使い所も明示。
ボタン	シングルボタン、並列(縦列)ボタン、タブなど各ボタンのデザインとルール。利用できるボタンそれぞれに形状・装飾・マージンを明示。
アイコン	利用できるアイコン種別。新規で作成する場合のデザイントーンを明示。
イメージ (写真、イラスト、図表)	それぞれにおいて、利用可能サンプル、利用不可サンプルを提示する。イラストや図表については、利用可能な色やトーンなども明示する。
インタラクション	オブジェクトの表示アニメーション、ロールオーバー、スワイプ、画面推移。
共通項目	ヘッダー、フッター、メニューなど、サイト全てに共通で使われるものは、共通項目としてまとめる。
禁止事項	ここまで挙げた上記のカテゴリに入らないルールを明示。
例外事項	ガイドラインに沿わなくてもよい場合を明示。例えばテキストを画像化してよい場合など。

図1 主なデザインガイドライン項目

Webサイトにおいては、インタラクションやアニメーションを用いた演出についても策定する必要がある。

デザインガイドラインの策定フロー

1. 参考デザイン、またはカンプデザインで、デザインの方向性を明確にする。
2. 決定されたデザインの方向性から、サイトの主要デザインを作成する。トップページやプロダクトの説明ページなど、3ページ程度デザインするとよい。スマホ版を先に作成し、それをもとにPC版も作成する。
3. デザイン作成時には、ルールを明確にしてデザインをする必要がある。基本的なところとして、使用するフォント、大きさ、色の使い方、マージンなど「統一感を持ったルール」に従ってデザインをすること。
4. クライアントや上長からのフィードバックを受け、デザインをフィックスまで持っていく。
5. 決定されたデザインから仮ガイドラインを策定する。基本的には、フィックスしたデザインに従ってルールを明示化していけばよい。
6. ガイドラインによって明示化すると、実際のデザイン上でルールに従ってない部分が出てく

る。それをすべてガイドラインに従って修正し、ガイドラインと共に再度クライアントや上長のフィードバックを受け最終フィックスさせる。

主なガイドライン策定物は **図1** に示す。

次の一手「デザインシステム」

近時はガイドラインの上位概念である「デザインシステム」を導入する企業が増えている。デザインという属人化されやすい事項をシステム化することにより、ブランドの同一性の担保と提供スピードの向上という2つの大きなメリットを得られる。デザインシステムは、ガイドラインに加え、おおまかに以下が策定されていることといえる。

- ブランドとして明快なデザイン定義(理念)がある
- UIコンポーネントやUIパターンが定義されている

これらが明快になって用意されていることにより、同一性が担保されスピードのアップが図れるのだ。Googleのマテリアルデザインシステムは代表的な例なので参考にしてほしい **図2** 。

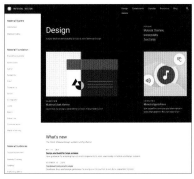

図2 Googleが推奨するマテリアルデザインガイドライン(英語)
https://material.io

Googleでは、あらゆるプラットフォームに対応できるデザインガイドラインとして、マテリアルデザインを策定し公開している。Webにおいても利用可能なガイドラインが多いので、参照してほしい

CHAPTER 3
12

SNSのシェア機能の考え方

サイトやコンテンツを広く認知させたい場合、シェア機能は有効な機能のひとつだ。設置の有無によってユーザーの流入数が大きく変わってくる機能となる。

設置場所の設計

コンテンツや記事がユーザーにとって有益なものであれば、SNSのシェア機能を設置することは効果のある施策だ。

また、自社の運営するSNSアカウントでも恒常的に有益な情報発信をしているのであれば、SNSアカウントへの誘導を設けることでフォロー獲得も見込める。

シェア機能や誘導先を設置する場所には、主に「ヘッダー」「追随」「フッター」がある **図1**。ヘッダーと追随に設置する目的は、後読み用だ。一番大事なのはフッターになる。できればひと言添えてシェアやフォローに誘導しよう。

シェア情報のクリエイティブ

シェア情報のクリエイティブは次の2種類の側面を考えて作成をする。

1. シェアするユーザーが、シェアしたいことと一致する内容になっているか?
2. シェア情報を見たユーザーがクリックしたくなるか?

1はシェアしてくれるユーザーの気持ちを考えてみれば、わかるであろう。次の2だが、クリックさせようとキャッチコピーに凝っても、本人が言いたいことと乖離してしまう場合がある。乖離した情報を投稿させてしまうと、そのユーザーから反感を買うことになりかねない。

記事の左上に表示され追随する

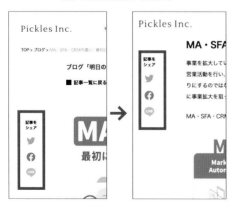

フッターではフォロー誘導も付ける

図1 シェアボタンの配置場所
設置する場所は主に「ヘッダー」「追随」「フッター」の3カ所

シェアする情報の基本は、画像とタイトルになる（**図2**）。シェアする画像に文字を入れるのは極力避けるべき。入れたとしても、吹き出しやキャッチ的なバッジを出す程度にする。

タイトルは、誘導先と違うものが入れられるので、文字数をなるたけ少なくしよう。ここの目的はクリックしてもらうことなので、余計な情報は入れずに、クリックさせるためだけの情報に絞り込んだ内容にする。

主なシェア先

主要なSNS媒体であるFacebook、Twitter、LINEは、押さえておきたい。

図3にそれぞれの特徴と設置についてまとめたので参考にしてほしい。

シェア機能を設置しないという選択も

昨今は、チャットやメッセージアプリなど、観測しづらいダークソーシャルへのシェアが増えており、コンテンツによっては三大SNSより流入数が多い場合もある。

これには2つ理由がある。1つはスマホのブラウザやアプリの共有機能を利用することで、ダークソーシャルへのシェアがしやすくなっているため。2つ目は、ユーザーのチャットやメッセージアプリの利用が増え、2〜5人以下の小さなコミュニティでクチコミされていることが多くなってきたからだ。いわば、ネットもリアルのクチコミと同じような状況になりつつある。このようにSNSシェアを使わないユーザーが増える傾向が続くサイトでは、既存のシェアボタンは余計な情報（UI）になる。あえて今後は設置をしないという選択もありうる。

図2　シェアされる情報のクリエイティブ
シェアする情報の基本は、画像とタイトルになる。シェアする画像に文字を入れるのは極力さけるべき

	Twitter	LINE	Facebook
設置方法	サイトにTwitterカードを設定する。シェアする人がコメントを入れやすいように、シェアボタンにはURLのみ設定する	サイトに指定のコードを入れる	サイトにOGP情報を設定する
主な設定	URL／タイトル／説明文／画像	URL／テキスト／画像	URL／タイトル／説明文／画像（動画）
特性	有益なコンテンツやサイトの場合は、シェア率、流入数共に高い。シェアする際のツイート文も設定できるので、文面も工夫をしたほうがよい	スマートフォンのみに対応。シェア数、流入数、ともに高い。飲食系のサイトなどでは、そのままグループに送れるので、マストで搭載すべき	ビジネス系の場合は、必ず押さえておくほうがよい

図3　主なシェア先のSNS
それぞれの特性を活かし、サイトへの設置の有無を決定しておく

CHAPTER 3

13 システム設計

システム開発はWebディレクターにとって避けて通れないものであり、システム開発を理解しているディレクターの価値は高まるばかりだ。ここではシステム開発とどのように向き合うべきかを考察する。

Webディレクターとシステム設計

Webディレクターが本格的なシステムを設計することがあるだろうか？ もしかするとオンラインバンキングの設計ができるスキルセットを持ったWebディレクターが存在するかもしれないが、それはWebディレクションの業務ではないだろう。

では逆にWebディレクターがシステム設計から完全に離れることはできるだろうか？ 現場ではWebサイトのタイプや規模を問わず、システム設計から完全に無縁であることも難しい。自己の業務範囲としてシステム関連を避けることはできるかもしれないが、今後Webディレクターの職務としてシステム設計の要素が求められる方向にあることは間違いない。

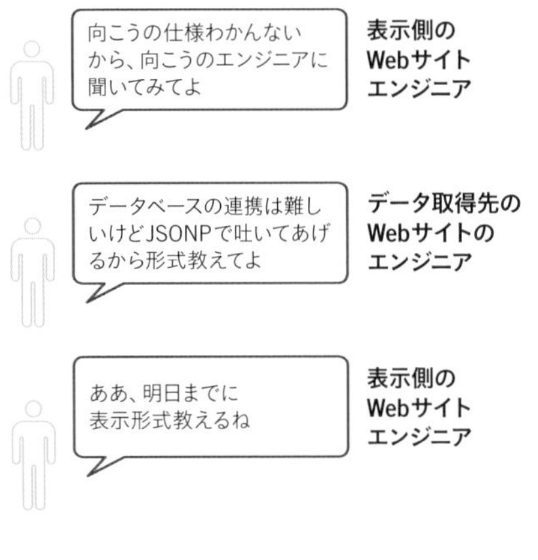

向こうの仕様わかんないから、向こうのエンジニアに聞いてみてよ

表示側の Webサイト エンジニア

データベースの連携は難しいけどJSONPで吐いてあげるから形式教えてよ

データ取得先の Webサイトの エンジニア

ああ、明日までに表示形式教えるね

表示側の Webサイト エンジニア

図1 Webディレクターとエンジニアのやり取り
エンジニアとうまくコミュニケーションをとるには、こちらも知識をある程度蓄えておかなければならない

Webディレクターが関わることの多いシステム案件

- 問い合わせフォームなど小規模な開発
- CMS（コンテンツマネジメントシステム）やECカートのカスタマイズ
- CMSやECカート、MVCフレームワークなどのテンプレートまたはView設計
- ReactのようなJavaScriptフレームワークを利用したバックエンドのデータを、どのように表示するかといったフロントエンドエンジニアリング
- WebサイトやWebアプリケーションの運用時に発生する小規模なシステム改修

Webディレクターが行う小規模な開発例

Webディレクターでも積極的にコミットしていきたい小規模な開発を事例をベースに考えてみよう。

例えばあるページに自社運営している別ドメインのWebサイトのニュース新着情報を10件載せたいというオーダーが発生したとする。その場合、どのように進めていけばよいのだろうか？

まず行うべきは、「要件」を自分なりに明確にすることだ。

例）新着情報10件表示システムの要件
- 自社運営の○○○サイトの新着情報をリンク付きで10件表示したい
- 表示する情報は日付とタイトル、リンク先URL

要件を持ってエンジニアに機能追加について相談し

にいったところ、**図1** のようなやり取りが発生した。

　その後、表示する側のWebサイトのエンジニアからJSONPの仕様をもらい、それをデータ取得先のエンジニアに伝えたところ、OKとの返答があったため、**図2** のようなプログラムの仕様が決定した。

　ここで開発の大枠の仕様が固まったため、作業をタスク単位に落とし込み、スケジュールを作成した**図3**。

　このように小規模案件で関係者が少ない場合は、SEやプログラマと二人三脚でシステム設計を進めることができる。さらに自身のスキルアップの材料としても、「JSONP（クロスドメインでデータを取得する仕組み）を利用すれば、外部システムとのデータ連携を比較的容易に行うことができる」という点を理解すれば、今後、外部連携の提案が積極的にできるWebディレクターに成長できる。ぜひ小規模開発の経験を重ねてほしい。

　SE、プログラマーと常時コミュニケーションを取り合い、積極的に教えを請う姿勢を見せることがプロジェクトを円滑に進められるコツだ。

　ただし、このような手法で複数の機能を有する大規模なプログラムの制作を進めるのはリスクが大きいのでその点は留意したい。

開発の規模が大きい場合の立ち位置

　開発が複雑化すると機能規模や組織体制などの理由から職責を明確にする必要が出てくる。例えば先程の新着情報を表示する開発の場合でも、表示側とシステム側で別々のベンダーが担当している場合、エンジニアが作成したしっかりした仕様書が必要になるだろう。

　ただし、どんな場合にも、お互いの接点にはグレーゾーンが存在し、それがもとで責任論に発展して開発がうまくいかない、遅延が生じるなどの事態も現場ではしばしば見られる事案だ。

　そうした事態を避けるために、お互いに十分話し合い、接点の解釈に齟齬がないかを確認する必要がある。そのためにもWebディレクターは基本的なシステム開発の知識は持っておきたい。

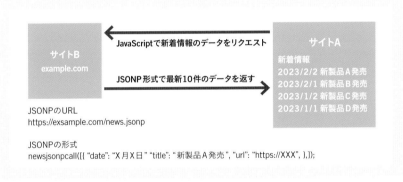

図2 やり取りをもとに作成したシステム概念図
ほかにもデータがゼロ件の場合どうするかなど、エンジニアと共に仕様を詰めていこう

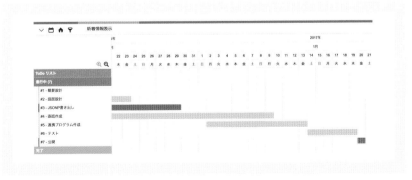

図3 スケジュールの作成
スケジュールに落とし込むことでタスクも見えてくる。システム開発の場合はテスト期間を十分に設けることが重要だ

14 SEO設計

自然検索からの流入は多くのWebサイトにとって生命線であり、SEOは程度の差はあれ、外せないWeb戦略のひとつである。その際Webディレクターに、トータルな視点で考えられるSEOの知識があると有利だ。

岸 正也（有限会社アルファサラボ）

SEOの基本

Googleなどの検索エンジン上位表示を考えたとき、最初に行うべき対策は「ユーザーの役に立つコンテンツ」を掲載することだ。Googleも検索順位決定の上で最も重要なのは「よいコンテンツであること」としている。

検索エンジンはユーザーにとって「よいコンテンツ」を上位に掲載できるよう日々チューニングされており、小手先の戦略はいずれ駆逐されるだろう。

また、以前より検索順位を決める大きな要素として「被リンク」（ほかからリンクを貼られること）が挙げられてきたが、近年AIによるコンテンツの解析エンジンの強化により、ほかのWebサイトからリンクされる「外部リンク」よりも、同ドメインのWebサイト内での「内部リンク」を重視するようになったと一般的には考えられている。

SEOの基本資料

SEO設計を考えたとき、スタンダードな参考文献として第一に読むべきは「Google検索エンジン最適化（SEO）スターターガイド」だ**図1**。サイトの構造からURLの設計、タグの記載方法、コンテンツの最適化、モバイル対応など基本的な、かつ正しいSEO技術はここに記載されている。

また、最新のSEOの動向はGoogleの「検索セントラル」にあるブログをチェックしてほしい**図2**。最新動向のチェックを怠ると今までの施策が、ある日突然マイナスになることも十分に起こりえるので要注意だ。年に何度か行われるGoogle検索コアアップデートのリリース情報や影響範囲などの重要情報は、ウェブマスター向け公式ブログが一次情報になることが多い。また、海

図1 Google 検索エンジン最適化(SEO)スターター ガイド
SEOの基礎はこちらにすべて集約されている。下記URLからリンクされている上級ユーザー向けスタートガイドも合わせて目を通そう
https://developers.google.com/search/docs/beginner/get-started

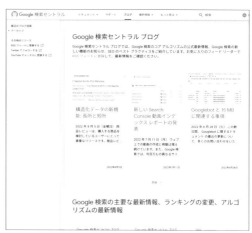

図2 Google 検索セントラル ブログ
最新の検索エンジン関連情報はここでチェック
https://webmaster-ja.googleblog.com/

外SEO情報ブログ **図3** はGoogleがSNSで発信している投稿など日本語で読むことが難しい情報をわかりやすく解説している。SEOの現在を知るためにぜひ目を通す習慣をつけよう。

Google Search Console

Google Search Consoleは、所有するWebサイトにおける特定キーワードの順位の変動やクロールの状況、HTMLの問題点、モバイルへの適応状況などを確認し、SEOのパフォーマンスを最適化できるGoogleのツールだ。主に次のような機能がある **図4**。

検索パフォーマンス
来訪ユーザーがGoogleでどんなキーワードから来訪し、またそのキーワードにおける当サイトの表示順位、クリックレートなどをチェックする。

カバレッジ
Googleのインデックスに何ページ登録されたか、またエラーのあるページなどをチェックする。

ウェブに関する主な指標
来訪ユーザーの実測値でインデックスされたページのスピードなどをチェックする（後述の「Core Web Vitals」を参照）。

モバイルユーザビリティ
「文字が小さすぎる」、「タップできる要素同士が近すぎてユーザーが間違える可能性がある」など、スマートフォンにおけるユーザビリティをチェックする。

Webサイト設計時からこのツールの利用を考慮に入れた設計を行いたい。例えば、URLクエリを利用しているページで同一の内容でクエリが別のページが存在する場合、それぞれがGoogleに別ページとみなされてしまうのを避けるため、canonicalタグを利用するといったことだ。

もし、公開後にこれらの項目を修正すると作業の難易度は何倍にも跳ね上がる。

モバイルファーストインデックス

ここからは近年のSEOを考える上で必須のトピックを3つとりあげる。

最初はモバイルファーストインデックス（Mobile First Index）。これはGoogleのページ内容を収集しているクローラーがモバイルでの表示を優先してクローリングを行い（次ページ **図5**）、その結果をもとにページランクの評価を行うことで、MFIとも呼ばれる。MFIをGoogleに適用させることで結果的により多くのモバイルユーザーをWebサイトに誘導することができるだろう。

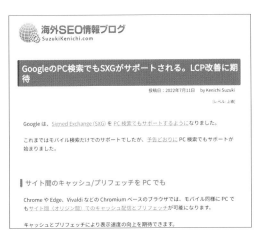

図3 海外SEO情報ブログ
SEOに精通したウェブマスターが日々数多くの正しいSEO情報を発信している
https://www.suzukikenichi.com/blog/

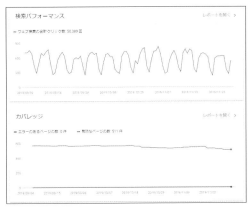

図4 Google Search Console
基本的にはWebサイト公開後のSEO運用に効果を発揮するツールだが、それぞれの機能をより理解し、公開後の問題点が最小限に留まるように設計しよう
https://search.google.com/search-console/

なぜMFIなのか？

近年認識の通り、例えばBtoCのWebサイトの場合、来訪者の9割以上がスマートフォンデバイスのWebサイトも当たり前になってきた。にもかかわらずPCにおけるクロール結果をGoogleの検索結果に利用していた場合、PCでしか回遊できないWebサイト、スマートフォンでもPCと同じレイアウトで表示されるサイトなどが検索結果上位にくる可能性があり、モバイルユーザーの利便性を損ねることになってしまう。

そのためモバイルフレンドリーに取り組んでいるサイトを中心に旧来のPCページを中心としたクロールからモバイルを中心としたクロールに順次切り替えを行った。実際 MFI が適用された Web サイトを Google Search Console などで確認するとWebサイトによって差はあるもの概ねモバイル60％、PC10％の割合でクロールされていることがわかるだろう（残りは動画や画像、PDFなど）。

MFIが適用されるためには？

まずMFIが適用されていないサイトを考えてみよう。考えられるのは主に以下の3つだ。

1. モバイルサイトに最適化された表示や操作ができていない。
2. PCとモバイルで同じコンテンツを見ることができない

3. PCでしかたどることのできないページが存在する

1は、大前提としてモバイルフレンドリーでない、例えばPC 用の見た目しか考慮されていないWebサイトはMFIを行う意味がないので当然だろう。2、3はモバイルのクローラーがコンテンツをたどることができなくなるためこちらもMFIは適用されないか、適用されてもPCでしか来訪できないページは検索結果の上位にくることはないだろう。

MFIが適用され、最適化された状態のWebサイトを作成するにはPC、Webサイトどちらでも1つのHTMLで最適な見た目を実現するレスポンシブWebデザインにすることが望ましい。MFI適用は必ずしもレスポンシブWebデザインでなければいけないということはなく、例えばPCとモバイルそれぞれに対応したHTMLを作成することや、サーバーのユーザーエージェントなどで別々のリソースを出力するなどでも問題さえなければ適用される。その際にPCでしかたどれないページやPCでしか閲覧できないコンテンツを作らないことも重要だ。

Core Web Vitals

次に取り上げるのはCore Web Vitals。これは信頼性や使いやすさなどWebのユーザー体験を図る上でGoogleが重要視するWeb Vitalsのうち、特に重要な3つの要素を指す。こちらがGoogleの基準を満たしていない場合、検索結果が下がることもあるので注意しよう。

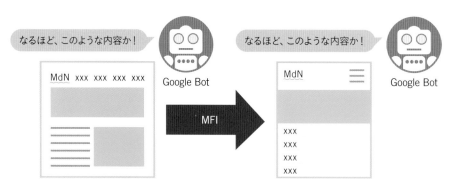

PCの画面をエミュレートして内容を判断　　モバイルの画面をエミュレートして内容を判断

図5 モバイルファーストインデックスの仕組み
これまではPCから見ていたGoogleのクローラーが、スマホに変えたと思うとイメージがつかみやすい

Core Web Vitalsは、以下3つの要素からなる。

LCP（Largest Contentful Paint）

メインコンテンツの読み込み時間。ページ速度の指標はいままで何度も変更されてきた。これは、単純なページ全体の読み込み速度の場合は、ページのファーストビューは1秒で表示できるが全体の読み込みには5秒かかるような場合、ユーザビリティは担保されているにも関わらず評価が下がることを意味する。

メインコンテンツとは何かを定義することは難しいが、多くの場合ファーストビューの一番大きな画像と理解しておくのがよいだろう（ChromeデベロッパーツールでLCPの要素を確認することができる）。

FID（First Input Delay）

インタラクティブ性。ユーザーが最初にページ内でアクションを行った際の応答速度を表している。タップやクリックが代表的なインタラクティブ要素だ。スクロールは対象外となっている。

CLS（Cumulative Layout Shift）

コンテンツの視覚的な安定性。ページレイアウトの予期できないズレや崩れを表している。改善すべきものの代表例として、上から順番に表示されるのではなく、ページを読み込むごとに要素がずれていくようなページが挙げられる。

構造化データ

最後に紹介するのは構造化データだ。構造化データとはHTMLで書かれた情報を検索エンジンが理解しやすいようにタグ付けしたものである。例えば\<div\>の代わりに\<article\>を利用することで、タグ内が記事内容であることを検索エンジンは容易に認識できる。

昔からある概念だが、近年GoogleがSEOや自社サービスに利用することで注目を浴びてきた。構造化データは多数存在するが、ここでは特徴的な2つを紹介する。

パンくずリストの構造化データ

WebサイトのナビゲーションにおいてWebサイト内での現在地を示すパンくずリストは必須となっているが、これを検索エンジンにも理解させるのがパンくずリストの構造化データだ。これを用いることで検索エンジンは製作者が意図するディレクトリ構造を理解することができ、結果効率的なクロールが行われる。

求人の構造化データ

図6 のような検索結果を見たことはないだろうか？これは「Googleしごと検索」と呼ばれるリッチリザルトの一種で、Googleが構造化データなどを利用して求人情報をまとめているものである。こちらは必ずしも構造化データを利用しなくても掲載されることはあるが、給与、休日、雇用形態などを構造化データとして埋め込むことで確実に表示される。

図6 求人の構造化データ

CHAPTER 3

15 Web制作の フレームワーク

フレームワークには、「枠組み」「骨組み」と言った意味合いがあり、開発の基盤となる頻度の高い機能や処理、デザイン、レイアウトなどをパッケージ化したものである。

岸 正也（有限会社アルファサラボ）

フレームワークのメリット・デメリット

開発基盤をパッケージ化して提供している「ありもの」のWeb制作フレームワークを利用することで、毎回同じような処理をする部分を制作する必要がなくなり、コストや納期を低減できる。さらに、次のさまざまな利点がある。

- エンジニアのスキルを問わず品質の担保された実用性の高いWeb基盤を作成することができる
- フレームワークのルールを覚えることでその後の実装作業を簡略化、効率化できる
- フレームワークをチーム全体で学習することで分業が可能になる。例えばデザイナーとプログラマーの作業を分離できるなど
- 開発コスト以外にもテストや不具合箇所の修正などのコストも低減される
- Web公開後に別のエンジニアやデザイナーが運用する際にも共有のルールの上で対応が可能
- Webに新たなセキュリティの問題が発見された際もフレームワークのアップデートにより対応できるケースも多い

このようにいいことづくめに思えるWebフレームワークにも、次のようなデメリットも存在する。

- そのフレームワーク独自の作法を学習しないと使えない

- フレームワークにも特長や流行があり選定を間違えると後戻りが難しい

制作チームでよくディスカッションを行い、ある程度の総意のもとでフレームワークの選定を行わないと、「特定の人のみしか扱えないWebサイトになってしまった」という事象も多発するので要注意だ。

フレームワークの種類

CSSフレームワーク

CSSフレームワークはレイアウトやボタン、見出しなど代表的なスタイルシートをまとめて、標準的な見た目を共通の記述で制作できるようにしたものだ。ノンデザイナーだけでなく、作業の効率化・共通化を図りたいデザイナーやコーダーの間でもよく利用される。多くのものはレスポンシブWebデザインにも対応。代表的なCSSフレームワークを **図1** 〜 **図3** に挙げた。

Web開発におけるフレームワーク

CSSフレームワークはスタイルシートを利用した見た目の最適化がメインだ。一方、Web開発におけるフレームワークはWeb開発にそのまま利用できる基本的なプログラミングモジュール、ツール、ライブラリ、APIなどを備えた統合プラットフォームで、単体で基本的なWebサイトやWebアプリケーションを効率よく構築することが可能だ。代表的なフレームワークを **図4** 〜 **図6** に挙げた。

図1 Bootstrap
https://getbootstrap.jp/

Twitter社によって開発されたBootstrapは世界中で多く使われるCSSフレームワーク。さまざまな部品をまとめたUIコンポーネントで、初心者でも簡単に見栄えのよいデザイン・レイアウトを実現できるほか、CSSを拡張したSaaSを利用することで効率のよいCSS設計を行うことができる

図2 Tailwind CSS
https://tailwindcss.com/

Bootstrapとは違い、UIコンポーネントは用意されておらず、utility classと呼ばれる汎用的な定義をもとにページデザインを作成する。UIコンポーネントを利用しないことで画一的なデザインから開放されるほか、class名の定義から解放されるという利点もある

図3 Water.css
https://watercss.kognise.dev/

上記2つとは別の発想のCSSフレームワークを挙げておく。Water.cssはクラスレスCSSと呼ばれるもので、HTMLページを作成すると自動的にシンプルでクールなCSSが適用される。デモサイトなどにも最適

図4 Django
https://docs.djangoproject.com/ja/4.0/

ジャンゴと読むPythonで実装されたWebアプリケーションフレームワーク。コンテンツ管理システムやメディアサイト、SNSなどを簡単に実装することが可能。Webアプリケーションの実装に必要な機能がひと通り揃っているため、フルスタックフレームワークと呼ばれる

図5 Laravel
http://laravel.jp/

Djangoと同様のフルスタックWebアプリケーションフレームワークだが、ベースがPHPのため多くのエンジニアが学習コスト低く利用できる

図6 Vue.js
https://v3.ja.vuejs.org/

上記2つのフルスタックWebアプリケーションフレームワークとは違い、主にフロントエンド開発の部分に特化したフレームワーク。特にSPA（シングルページアプリケーション）制作に最適

16 CMSの選定ポイントと主なCMS

CMSにまったくかかわることのないWebディレクターは少ないだろう。ここでは、プロジェクトにおける
CMS選定のポイントから、主なCMSの特徴までをまとめてみよう。

岸 正也（有限会社アルファサラボ）

CMSとは？

CMSとは、コンテンツマネジメントシステムの略で、元来はWebページやアセットの一元管理を目的として導入されていたが、現在では、Web運用全般をカバーする重要なインフラ基盤となっている。Webに配置するものは、たとえランディングページであってもすべてCMS上に作成し、一元管理することでガバナンス（統制）の効いた運用体制を確立することができる。

CMSの選定のポイント

CMSの選定は、Webサイトの構築から運用まで広範囲に影響するので慎重に選びたい。以下に、主な選定ポイントと、現在幅広く使われているCMSを挙げる。

インストールタイプとクラウドタイプ

CMSは従来からのインストールタイプだけでなく、最近ではクラウド上で運用できるCMSも増えている。

クラウドタイプはサーバーのメンテナンス工数が不要になるほか、セキュリティ・アップデートやバックアップなどが自動化されているケースが多く便利に利用できる。ただし、サーバーのカスタマイズや冗長化ができないケースもあり、制限事項を十分に事前調査したい。

ヘッドレスCMS

通常のCMSはコンテンツを投入する管理画面（バックエンド）とコンテンツを表示するビューワー（フロントエンド）が一体化しており、決められたロジック以外の機能をWebサイトに持たせようとすると、CMSのプログラムを十分に理解した上で開発する必要がある。そこで、CMSはバックエンドに注力させ、フロントエンドはAPIなどを通じ自由に設計できるタイプのものが開発された。これをヘッドレスCMSと呼ぶ。

ヘッドレスCMSは、フロントエンドの必要な部分を自分でサイトに最適化された状態に設計・実装でき、特にフロントエンドエンジニア中心の現場にオススメだ。

運用関連機能

ある程度規模の大きいWebサイトを制作する場合は、社内チェック用のステージングサーバーを生成できるか、コンテンツのリビジョン管理、柔軟なワークフロー（承認制度）が設計できるか、時間を指定して複数のWebサーバーに配信できるかなど、多人数での運用を前提とした機能が重要なポイントになる。この点では有償CMSに一日の長があるといえるだろう。

その他

コンテンツ生成方法やテンプレート作成機能、ページの配信方法などは各CMS独自の癖を持っているので、導入前に必ず試そう。フォーム自動生成や会員機能などはあると便利だが、オプション機能はWebサイトの目的に合わせて考えればよい。オプションの多様さだけを選定のポイントにはしないほうがよいだろう。またサポートの有無や情報量の多さなども重要な選定のポイントだ。ほかにも、さまざまな機能を必要とせず（自作する場合も含む）、エンジニアが更新を担当する用途では、軽量のファイルベースのCMSも人気が高い。

WordPress

https://ja.wordpress.org/

オープンソースのブログ/CMSプラットフォーム。世界最大級のシェアを持ち、軽量で柔軟性に富んだ運用が可能。基本は動的にページを生成する。Web、書籍問わず情報量が非常に多いのも強み。新エディタでさらに使いやすくなっている

Movable Type

https://www.sixapart.jp/movabletype/

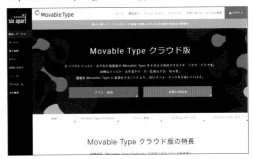

有償だが比較的安価な高機能ブログ/CMSプラットフォーム。多くの利用実績がある。静的にページを生成するので冗長化やセキュリティ、配信などの面で優位に立つ。画像のようなサーバからフルマネージドサービスのクラウド版もオススメ

microCMS

https://microcms.io/

クラウドタイプの日本製のヘッドレスCMS。直感的な操作が可能な管理画面は豊富な機能を備えている。Next.jsなどさまざまなフレームワークと連携可能。国内で多くの導入実績を持ち、ドキュメントも日本語でわかりやすい

Drupal

https://www.drupal.org/

全世界で多く利用されているオープンソースのCMS。多言語配信に強く、グローバル企業で多く利用されている。階層構造をもつWebサイトの作成に強みを持ち、問い合わせフォームや会員制サイトなどもデフォルトで実現。日本語の情報は少ない

Adobe Experience Manager

https://www.adobe.com/jp/marketing/experience-manager.html

大規模Webサイト向けCMS。多言語対応や各種デバイスに最適化された配信、パーソナルによるコンテンツマーケティングなど、ハイエンドならではの機能を満載している。特にAdobeのマーケティングツールと連携して利用する場合はオススメだ

SharePoint Online

https://products.office.com/ja-jp/sharepoint/collaboration

特に企業のイントラネットで利用されるコラボレーションやドキュメント管理を行うプラットフォーム。社内ポータルや部門サイトのCMSとしても利用される。企業内情報基盤としてのシェアは高い。ほかのOffice365アプリとの連携も容易だ

ECカート

ECカートは、事業規模や目的にマッチしたものを選ぶのがポイントだ。また、近年利用するサイトが増えている決済代行サービスも紹介する。

岸 正也（有限会社アルファサラボ）

ECカート

ECカートは楽天のようなモール出店型と、独自ショップを作成できるASP型、サーバーインストール型などがある。旧来はASP型よりもサーバーインストール型のほうが高機能かつカスタマイズ性が高いとされてきたが、最近では高機能でカスタマイズ性が高いASP型も登場している。

モール出店型の方が集客の手間は少ないが、決済ごとの利用料などが発生する、顧客データが自由にならないなどのデメリットも存在するため、選定は十分考慮したい。ECカートは一度運用を始めると業務フローに組み込まれるため変更が難しい。規模が大きくなってくれば、モール出店型と独自ショップを併用する他店舗展開も視野に入れよう。

カラーミーショップ
https://shop-pro.jp/

多くの実績を誇るASP型ECカート。豊富なテンプレートからデザインを作成できるほか、HTMLでの構築も可能。多彩な機能でECショップ運営をサポートする。決済方法も充実。有償だが比較的低価格なのも魅力

EC-CUBE
https://www.ec-cube.net/product/4.0/

サーバーインストール型の日本におけるデファクトスタンダード。高いカスタマイズ性と豊富な機能を有する。初心者から機能のカスタマイズを行うプログラマー向けまで、非常に情報量が多いのも特長。サーバーやデータベースを自由に選べるため、大規模ECでも使用率が高い

ecbeing
https://www.ecbeing.net/

中～大規模EC構築のパッケージ。初期構築からコンサルティングまでをワンストップで提供。アプリ連携やオムニチャネル、越境ECなどにも強み。多くの導入実績がある。比較的低価格なクラウド版も存在

ebisumart

https://www.ebisumart.com/

高機能な中・大規模向けECカート。SaaS提供型だがサーバーインストール型並みのフレキシブルなカスタマイズ性を誇る。基幹システムや物流管理システム、POS、コールセンターとの連携も可能で、オムニチャネル展開も視野に入れたネットショップ構築が可能だ。クラウドの強みを活かし、常に最新の機能を速いペースで利用することができる。さらにスケーラブルなサーバーで急な利用者増加にも対応

Shopify

https://www.shopify.com/jp

世界175ヶ国以上、100万以上の店舗に利用されているクラウド型のECカート。わかりやすく充実した操作感で操作性やデザイン的にもすぐれたマルチデバイス対応のネットショップを簡単に開くことができる。6,000種類以上のアプリでショップにさまざまな機能を追加可能。日本語のサポートも充実している。設定や制作に自信がなければShopifyエキスパートに依頼することもできる

決済代行サービス

決済代行サービスとはクレジットカードをはじめとした複数の決済方法を、手間なく導入可能なオンラインサービス。購入あたり規定の決済代行利用料を支払う必要があるが、クレジットカード決済を自前で始めるの

は非常にハードルが高く、セキュリティ面を考えても導入は必須だろう。多くの場合、複数のECカートと連携しておりスムーズに導入することができる。ECカートを利用しない単品購入サイトなどの場合にも利用できる。利率だけでなくサポートの手厚さや信頼性、サービスの持続可能性などさまざまな観点から選ぶとよいだろう。

Stripe

https://stripe.com/jp

世界数百万社以上で導入され、日本国内でも大手を含めて多くの実績を誇る決済代行サービス。大規模向けのように見えるかもしれないが、最短1日から始められるのでスタートアップでも利用しやすい。国内サービスと比較しAPIが豊富でECに細かい作り込みをしたい場合には特にオススメ。Apple PayやGoogle Pay、AliPayも利用可能。135以上の通貨をサポートしているため海外展開も容易

NP後払い

https://www.netprotections.com/lp/atobarai 5 /

希望する決済方法の2割は後払いニーズはだといわれ、EC事業を考えると導入を検討したいサービスだが、自前でスタートすると未回収リスクは避けられない。そこを解決してくれるのが後払いサービスだ。このNP後払いは未回収リスク100％保証ほか、多くのECカートとの連携も容易である。後払い市場の中の43％はNP後払いであり、ネットショップの売上貢献に役立っている

CHAPTER 3

(18) MAツール

MAツール（マーケティングオートメーションツール）を紹介する。ECカートと同様、製品によって大きく特長が違うため、導入前に事業規模や目的にマッチしているかを十分に検討することが重要だ。

岸 正也（有限会社アルファサラボ）

マーケティングオートメーションツール

マーケティングオートメーション（MA）ツールとは、主にBtoBで営業活動の一部を自動化することのできるツール。コンテンツの作成から見込み客登録機能、行動分析、メール配信などを統合し、見込み客（リードと呼ばれる）を段階的に顧客へと育成することができる。

MAツール、メールマガジン配信サービスなど、今までバラバラに運用されてきたマーケティングツール類を統合することで、見込み客に一貫した体験を提供できる。単一ツールで管理できることで、見込み客の種別や段階に応じて最適なアプローチを選べる。そこからの分析機能やCRMとの連携を特長とするMAツールも増えてきた。

特にコロナ禍で以前のような対面での営業活動が難しい昨今、さらに注目されるツールとなることは間違いないだろう。

MAツールの導入と実際

このようにいいことづくめに思えるMAツールではあるが、実際は導入すれば営業の自動化が回り出すというものではなく、目的の明確化およびコンテンツへの深い理解、綿密なシナリオ設計と実行計画が必要になる。そのため専任の担当者を付けたり、コンサルティングも同時に導入するケースが多い。登場から数年がたち、ツール的にはだいぶ成熟してきたが、難易度はまだまだ低くないといえるだろう。またWebサイト単体での運用に比べて、事業部門や営業部門の理解と強い連携も求められる。

そこで「まずはリード獲得から」など、ステップを踏んで導入を検討すべきだ。MAツールは説明を聞くだけではなかなかわかりにくいので、まずは無料枠やデモなどでスタートしてみるのがよいだろう。

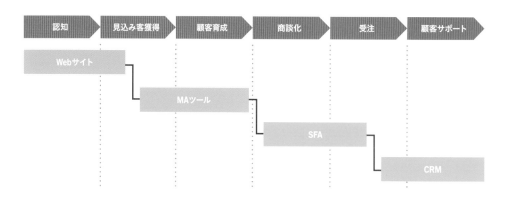

図1 営業フローにおけるMAツールのポジション

HubSpot

https://www.hubspot.jp/

インバウンドマーケティングを世界に広めたツール。CMSの機能を有し、ランディングページやブログといったインバウンドコンテンツを作成。ホワイトペーパーやプレミアムコンテンツで見込み客に登録を促した後、行動分析やスペシャルオファーのメール配信などを利用したリード育成、顧客転換までがワンストップで可能になる。スタートアップ企業から導入可能

Oracle Marketing

https://www.oracle.com/jp/cx/marketing/

Eloquaを筆頭とするOracleのマーケティングオートメーションツール群。Webだけではなく、リアルなども含めたキャンペーンを支援するクロスチャネルマーケティングオートメーションに特長をもつ。見込み客の選別等強力な分析機能もほかのMAツールに比べて強みといえるだろう。比較的高価

b→dash

https://bdash-marketing.com/

Maketing Cloud Account Engagement

https://www.salesforce.com/jp/products/marketing-cloud/marketing-automation/

SalesforceのMAツール。定番シナリオとわかりやすいインターフェースで、非IT部門でも容易に利用可能。Salesforceとの連携した顧客一元管理にも強み。日本でもBtoB企業での利用が増えている

Adobe Marketo Engage

https://jp.marketo.com/

大企業で多くの導入実績をもつMAツール。マーケティング部門にはAdobeが得意とするWebを利用した顧客体験の向上施策が、営業部門には各種データ連携と顧客の可視化が提供されている。その結果2つの部門が連携してデータドリブンなビジネスを成功させることを目的としている。主要なSFA/CRMとの統合機能も強み。あらゆる業種で利用が可能

CMでおなじみのb-dashも国産MAツールの1つだ。ノーコードを実現したデータの取り込みや活用に強みを持ち、それらとWeb上におけるサイトやメール、LINEなどの複数チャネルを組み合わせることで、オールインワンのマーケティングを実現する。初心者でもわかりやすい管理画面が提供されており、また業界別のテンプレートや導入時のサポートも充実している

CHAPTER 3

⑲ クラウドサービスや 外部サービスとの連携

Webサイトの機能のすべてを新規で開発するとその分工数が肥大し、運用時のメンテナンス費用もかかる。そのため外部サービスへの置き換えは積極的に行っていきたい。セキュリティの面でもおすすめだ。

岸 正也（有限会社アルファサラボ）

クラウドサービスや外部サービスとの連携とは、Webサイトの機能やサービスの一部を自社以外のWebサービスに置き換えること。例えば全国規模で店舗展開を行っている事業のWebサイトに対し、外部サービスの高機能な店舗案内サービスを導入するなどだ。

これらのサービスは、定額制の比較的低いコストから導入できること、システム的なメンテナンスが不要な点が大きな魅力。しかし、使ってみると必ず何らかの制約が存在し、かゆいところに手が届かないケースもある。また最新のWebトレンドに合わせてサービスが常にアップデートしているかは選定の重要なポイントだ。トレンドの過渡期にWebサービス側の対応が遅れれば、ユーザーをとり逃してしまうことにもなる。

クラウドサービスや外部サービスは、そのまま利用できるものと、バックエンド機能を抽象化して提供し開発をサポートするBaaSのような2つのタイプが存在する。

店舗案内（NAVITIME）
http://asp-pr.navitime.co.jp/

店舗数や事業所数が多い企業の場合、追加、変更などの運用手順が煩雑になり、地図や経路などのアップデートも必要になる。店舗案内のASPを使えば、店舗の一元管理と最新情報の随時アップデートが可能になる。来訪者にとっても複数の検索方法やアクセス手段の提示などが用意されているので、より便利に利用することが可能だ

ECレコメンドエンジン（さぶみっと！レコメンド）
https://recommend.submit.ne.jp/

多数の商品を扱うECサイトではユーザーにぴったりのアイテムを探してもらうことが売り上げ増加へのポイントとなる。レコメンドエンジンを導入すればユーザーの情報探索行動強化やアップセル、クロスセルも実現できる。行動ログから最適な商品を提示するレコメンドエンジンで、レコメンドメール送付もできる

店舗向け予約システム（トレタ）
https://toreta.in/jp/

飲食店の予約システムは顧客確保に重要な役割を果たす。トレタは小規模店舗でも気軽に導入可能な飲食店向け予約システム。グッドデザイン賞を受賞した使い勝手のよさが特長。各種グルメサイトとも公式連携をしている。「Googleで予約」にも標準で対応

チャットサービス（Zendesk Chat）
https://www.zendesk.co.jp/chat/

Webサイトにおける接客ツールの定番になりつつあるチャットサービスは、商品やサービスへの疑問点にその場で答えられ、契約までのリードタイムを劇的に短縮する。Zendesk Chatは世界中で利用されているチャットサービス。チャットボックスは、ヘルプセンターの検索や動画再生も可能。各種SNSとも連動

全文検索エンジン（Elasticsearch）
https://www.elastic.co/jp/what-is/elasticsearch/

Elasticsearchは分散型で無料かつオープンな検索・分析エンジン。形態素解析など高度な検索機能を自社のWebサイトに組み込むことが可能で、多くの大規模サイトで利用されている。主にサーバーにインストールして利用されるが、AWS、GCP、Azureなどクラウド上でサービスとして利用できるものもある

フォーム作成ツール（キューボ）
https://www.qubo.jp/request

フォームはWebサイトのCVが発生する非常に重要なタッチポイントだが、実際のサイト制作では開発をともない十分に作り込むのは難しい。クラウド型のフォーム作成ツールはEFO（エントリーフォーム最適化）の機能を併せ持つものも多く、積極的に利用したい

クラウドメール配信サービス（SendGrid）
https://sendgrid.kke.co.jp/

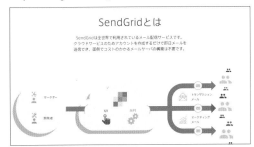

世界中で利用されているクラウドメール配信システム。メールマガジンなど、さまざまな用途でのメール配信が可能。高い到達率を誇り、大量のメールを安全に送信するベストプラクティスだ。また同サービスからフォーム経由の問い合わせメールへの返信管理も可能。豊富なAPIも魅力

サイト解析（Juicer）
https://juicer.cc

特化した機能を提供するサイト解析ツールとしては、Juicerのようにユーザー像をあきらかにし、マーケティング施策につなげるためのWeb解析ツールもある。ユーザーの性別、年齢、所属企業、ロイヤリティなどをわかりやすくビジュアライズ。思考などを含めたペルソナをAIで生成する機能も魅力

A/Bテスト（Google Optimize）
https://marketingplatform.google.com/intl/ja/about/optimize/

Google製のA/Bテストツール。Google タグマネージャが入っていれば無料で利用開始でき、ノンエンジニアでも簡単にUIやコピーをテストすることができるため、劇的に時間と手間を短縮できる。KPIの存在するWebサイトには必須。SEOに影響のない点もよい

開発環境と
本番環境の設計

Webサイトのインフラ構築にあたり、開発環境と本番環境の設計はWebサイト作成や運用に大きな影響を及ぼす。サーバーエンジニアに任せきりではなく、ディレクターの立場から現場の意見を反映させよう。

―――― 岸 正也（有限会社アルファサラボ）

開発環境

開発環境の設計次第で作業の効率が大きく変わってくるため、慎重かつ、現状に満足せず変えるべきところは変えるという意味で大胆に行うべきだ。よい開発環境は制作者のモチベーションに大きく影響する。また、開発環境の設計は制作体制のほか、利用するCMSなどシステムの拘束や社内規定などのさまざまな要素を加味する必要がある。開発環境を構築する際に考えたいポイントは次のようなものだ。

- セキュリティ
- 複数機能の同時開発
- テスト方法

- 本番へのデプロイ方法
- 社内規定の遵守
- 外部スタッフが利用する場合のセキュアな接続方法
- クライアントへの確認方法

バージョン管理システムの利用

外部スタッフを含めた複数人かつ複数機能の同時開発を考慮に入れるとリソースのバージョン管理は必須だ。まちがえて古いソースコードに戻してしまったり、うっかりリソースを消してしまったりなどのヒューマンエラーは、現場では必ず発生する。その際に確実にリカバリできるのがバージョン管理システムだ。

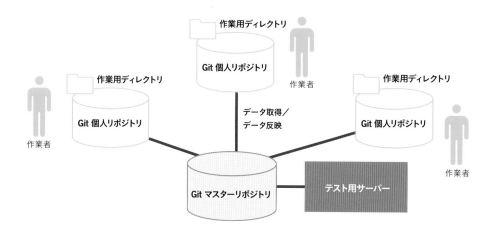

図1 Gitを利用した開発環境
利用してみないととらえにくい概念もあるため、未経験なら、ぜひ一度試してみよう

バージョン管理システムにはさまざまな種類があるが、最近では「Git」がよく利用されている**図1**。Gitは開発者ごとにローカルリポジトリ(ファイルや変更記録を置く場所)を持つことができる分散型バージョン管理システムで、任意のタイミングで全体のリポジトリに反映できるなど、柔軟な開発環境の設計が可能だ。

Gitをサービス化した「GitHub」は無料版と有料版があり、無料版はプライベートリポジトリが持てないのでオープンソース開発によく利用される。プルリクエストでコードレビューを円滑に行えるのも魅力だ。AWSでGitを利用する場合はフルマネージドでサービス化された「AWS CodeCommit」を使うといいだろう。

本番環境

本番環境は開発環境と違い、不特定多数に公開されることを意識しなければいけない。本番環境を構築する際に考えたいポイントは以下だ。

- 多くの来訪者が訪れる可能性
- 悪意のある攻撃を受ける可能性
- 予告した場合以外、サービス停止できない
- サービスが遅いことで、ユーザビリティを損ねる可能性

図2は、Amazon Web Servicesを中心にした構成の一例だ。急激なアクセス増加に対応するため、前面にCDN(コンテンツ配信ネットワークサービス)を配置、同時にWAF(Webアプリケーションファイアウォール)で悪意のある攻撃からネットワークレベルで防御する。サーバーは2台構成でロードバランサーで冗長化し、障害時の対応や負荷分散に備える。データベースもAmazon RDSを利用すると構築やアップデート、バックアップなどの工数が大幅に削減できる。ファイルのバックアップもクラウドストレージで行う。

ステージングサーバーから本番サーバーのデプロイ作業は、JenkinsやAWS CodeDeployなどのCIツールの導入を検討するとよいだろう。

このような構成はクラウドサービス誕生前は非常に高価で、大規模なWebサービスのみが導入していたが、現在では小規模なWebサービスでも手の届くところまで導入の敷居が下がっているので、ぜひ検討したいところだ。

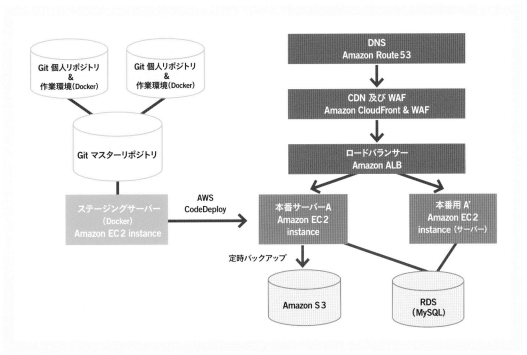

図2 Amazon Web Servicesを中心にしたサービス構成例
冗長化かつセキュアな公開インフラ環境も、AWSなら比較的安価に構築できる

CHAPTER 3

㉑ Webサイトにおける テスト設計

綿密にテスト設計をすれば、テストフェーズでの混乱を最小限に留め、公開後に問題が発生した際も原因の切り分けが迅速に行える。Webディレクターとしての責務を全うする上でもテスト設計は非常に重要だ。

岸 正也（有限会社アルファサラボ）

Webサイトにおけるテスト設計の意義

ソフトウェア開発では当たり前のように行われ、手法も確立しているテスト設計も、Web制作の現場ではまだまだ浸透しているとは言い難い。

テストフェーズに入って「さて、どこを確認するか」では有効かつスピーディーなテストは期待できない。テスト仕様書を個別の制作者に共有することで、より高いレベルでの仕様理解と実装段階での確認の手助けにもなる。

また同じようにテスト仕様書をクライアントと共有しておけば、「バグだ」「仕様だ」ともめることも減るだろう。

テスト仕様書の基本は「誰でもテスト実行を行えるように」設計することだ。この点を踏まえて漏れのない、かつ、わかりやすい設計書を作ってほしい 図1 。

Web開発におけるテスト設計とは

Web開発におけるテストは大きく3つに分けられる。

- ソフトウェアインターフェースとしてのテスト
- ハイパーメディアとしてのテスト
- ユーザビリティテスト

それぞれの説明は後述するが、基本的には、この3つは別のものとし、線引きしてテストを行わなければ混乱してしまう。例えば 図2 のように単純なボタンが1つあるだけのページでも、ボタンの動作とラベル名、色や大きさなど違うベクトルの要素をいっしょに考えると、改修が必要な場合も担当者がはっきりせずに、いつまで経っても先に進めない可能性もあるのだ。

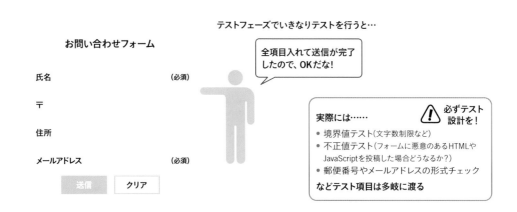

テストフェーズでいきなりテストを行うと…

お問い合わせフォーム

氏名　　　　　　　　　　　（必須）

〒

住所

メールアドレス　　　　　　（必須）

送信　　クリア

全項目入れて送信が完了したので、OKだな！

実際には……　　　⚠️ 必ずテスト設計を！
- 境界値テスト（文字数制限など）
- 不正値テスト（フォームに悪意のあるHTMLやJavaScriptを投稿した場合どうなるか？）
- 郵便番号やメールアドレスの形式チェック

などテスト項目は多岐に渡る

図1 単純なお問い合わせフォームでもテスト設計は必要
テスト設計なしでは、確認項目が人によって違うなど、正確で漏れのないテストができない

118　CHAPTER 3　設計

なお、これら3つの区分をまたぐ項目も存在する。

ソフトウェアインターフェースとしてのテスト設計

Webサイトはブラウザを通じて来訪者の操作のもとで目的の情報を探し出す、アプリケーション的な動作で目的を完了させるなどソフトウェアインターフェース的な側面を持つ。そのため、ソフトウェア開発のテスト手法を取り入れてテスト仕様書を設計することができる。

単体テスト

静的ページであれば各ページ単位、プログラムが動いているものではモジュールごとのテストを指す。

単体テストの項目例
例1：仕様書に記載の複数ブラウザ、複数OSで確認し、想定通りの表示がされているか
例2：HTMLのコーディングにエラーがないか
例3：お問い合わせフォームの動作詳細（エラー、自動返信メール、結果送信先など）

結合テスト
ひと通りWebサイトが完成した後行うべきテストを指す。Webサイトで行うべき主な結合テストは以下のようなものだ。

シナリオテスト

シナリオを作成し、そのシナリオ通りに動作するかどうかを検証する。

①来訪者側のシナリオ例
トップページから検索を利用し一覧ページに遷移、そこから任意のページを選択し、そのページの情報について問い合わせを行う

②管理者側のシナリオ例
CMSを利用してプレスリリースの内容をページとして作成し、承認フローを経た後、指定日時に公開する

例外処理テスト

仕様書で規定した例外処理をテスト項目として落とし込む。

例外処理の例
例1：お問い合わせフォームで不正な形式のメールアドレス（xxx@xxx）を入力
例2：サイト内検索に空文字列を入力
例3：CMS内で10MBのPDFファイルをアップロード

負荷テスト

マーケティング担当者やサーバー担当者と打ち合わせを行い、想定されるPVやサーバーへの負荷を算出、その結果と同等の負荷を掛けるテストを行う。

セキュリティテスト

サーバー担当者やエンジニアとともに想定できる脅威とそのテスト方法を記載した仕様書をまとめる。

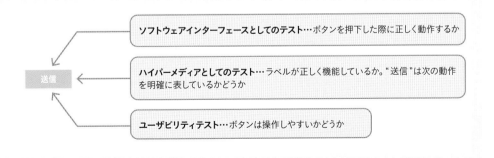

図2 Webサイトにおける3つのテスト
送信ボタンひとつ取っても、テストの種類によって検査される内容はさまざま

例1：クロスサイトスクリプティング(XSS)テスト(対象箇所と実施方法)

例2：SQLインジェクションテスト(対象箇所と実施方法)

ハイパーメディアとしてのテスト

ハイパーメディアというと耳慣れないWebディレクターもいるかもしれないが、複数の文章(ページ)を関連づけるWebサイトそのものだと思えばいいだろう。ユーザーが検索エンジンやSNSから来訪し、サイト内の検索システムを利用して情報を探索しつつ、購入や問い合わせなどのタスクをこなすまでの情報設計やコンテンツに齟齬がないかを確認するための仕様書を作ろう。

ハイパーメディアとしてのテスト項目例

以下のような項目をWebサイト固有の要素と照らし合わせて、より具体的に設計していくとよいだろう。

情報設計

例1：<title>や<h1>などのHTMLの要素が文章構造を明確に表したものになっているか

例2：メタタグが明確に設定され、文言が自然検索からの流入を意識したものになっているか

例3：リンク名はその先のページの内容を的確に表しているか

アクセシビリティの観点からのテストも、広義では情報設計のカテゴリに入るだろう。

コンテンツ

例1：文章や図版に誤字や脱字がないか

例2：社内やWebサイト仕様書上の文書規定に沿ったライティングが行われているか

例3：写真の著作権は問題ないか

例4：公開する情報に古いものや間違っているものはないか

ユーザビリティテスト

「間違っている」、「正しい」で判断できるテストのほかに、ユーザーの使い勝手を判断するユーザビリティテストも明確な設計を行う。

ユーザビリティに関してはほかのページで詳しく説明しているので詳細は割愛するが、ガイドラインに沿って使い勝手を判断するガイドラインアプローチを実施する場合はガイドラインが、ユーザーテストを行う場合は実行の手順書が、設計フェーズで必要になる。結果を受けた改修には時間がかかるので、ほかのテストとは別のフローで実行するとよいだろう 図3 。特にウォーターフォールモデルでプロジェクトを進めている場合は、できるだけ早いタイミングでユーザビリティテストを実施すると手戻りが少なくなる。

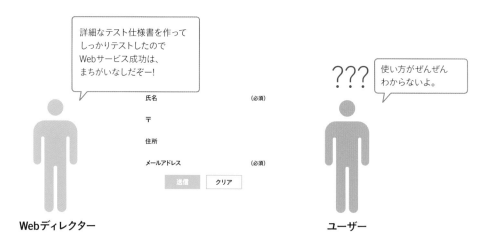

図3 ユーザビリティテストの重要性
ソフトウェア・インターフェースやハイパーメディアとしてのテストを十分に行っていても、ユーザーの使い勝手は判断できない

CHAPTER 4

制作・進行管理

「制作」段階では、現場での予期せぬトラブルやスケジュールの遅延が必ずといっていいほど発生する。事前に予防策や対策を立てておくのが、ディレクションを担当する者の役割だ。リモート環境下でのコミュニケーションの円滑化にも触れる。

CHAPTER 4
01 リモート環境における コミュニケーション

対面では無意識に行えていたコミュニケーションが、労働環境の多様化により減少している。コミュニケーションの減少による生産性の低減を防ぐためにも、チームビルディングの重要性は増している。

滝川洋平／岸 正也（有限会社アルファサラボ）

リモートワーク環境での留意点

オフィスに出勤することが当たり前だった頃、チームのメンバーと常に顔を合わせて業務に当たっていた。そのため作業中に雑談をしたり、休憩時間に会話したりする形で、ミニマムな情報交換が頻繁に行えていた。またブレストなども気軽に実施できていたため、プロジェクトに疑問点が生じてもすぐに確認できるので、メンバー間に認識の齟齬が生じにくく、齟齬が生じても認識合わせも行いやすかったといえる。

リモートの環境下こそ朝礼や夕会を

ここ数年でリモートワークが一般化した。それによって個人の生産性が向上したり、ワークライフバランスが確保しやすくなったりと、労働環境が改善され、サスティナブルに働きやすくなった一方で、対面環境では無意識に得られていたノンバーバルな領域での情報が得られにくくなり、互いの状況が把握しづらくなってしまう

という新しい課題が生まれている。

オフィスと自宅など、それぞれが異なる場所にいるため相手のタイミングが測りづらく、お互いの状況が把握しにくくなったからこそ、コミュニケーションを仕組みとして組み込める朝礼や夕会の機会が見直されている。

Web会議ツールなどを使い、オフィスとリモートのメンバー間で進捗の確認をしたり、困りごとなどを共有したりすることで、遅延しているタスクの応援やサポートにあたれ、円滑に業務を進められるようになる。

心理的安全性が保たれたチームへ

リモート環境か否かに関係なく、生産性が高いチームビルディングを行うには心理的安全性の確保が欠かせない。それこそ朝礼や夕会などで雑談の機会を設けたり、ハドルミーティングなどを定期的に実施したり、発言の機会をチームメンバー各人に用意することで、発言に関しての恐れを軽減し、メンバー間の対人関係の不安やリスク 図1 を減らせるように心がけることが心理

対人関係のリスク	リスクの中身	その結果…
無知だと思われる不安	質問や確認をすることで、周りから無知だと思われるリスク	質問や確認をしなくなる
無能だと思われる不安	ミスや失敗をしたときに周りから無能だと思われるリスク	ミスを隠蔽する
邪魔をしていると思われる不安	自分が発言することで、周りからほかの人の邪魔をする人間だと思われるリスク	提案や発言をしなくなる
ネガティブだと思われる不安	周りとは違う意見を言うことで、否定的な人間だと思われるリスク	提案や発言をしなくなる

図1 エドモンドソンの「4つの心理的安全性を損なう対人関係のリスク」
心理的安全性が保たれた環境とは、「対人関係のリスクを取っても安全だと信じられる職場環境」を指す

的安全性を確保する一助となる。

　当然のことながら、心理的安全性が高いチームは一朝一夕ではできない。個々の強みや特性を活かして協力できる体制作りが組織の強みになるだろう。

メンバー間の情報格差の是正

　次に、制作フェーズにおけるチーム作業の問題点を考えてみよう。まずWebサイト制作に対するチームメンバーの関わり方は全員均一ではない。フルコミットしているメンバーも、一部担当しているだけのメンバーも、ほかの人の作業待ちのメンバーもいるだろう。

　プロジェクトが進んでいく中で、すべての情報をメンバー全員がキャッチアップして同じように理解をすることは不可能に近い。どうしても情報格差が発生し、ともすれば取り残されるメンバーも出てくるだろう。

　リアルのオフィスが制作現場として機能していた時代は、Webディレクターが各チームの机を周り声をかけつつ、各メンバーの進捗を確認したり注意点や情報を共有したりすることで、チーム内の情報共有や意思統一を図ることができた。だが、リモートではなかなかそうはいかない。

　例えばチャットやハドルミーティングではオフィスでの雑談のようなアンオフィシャルな交流はなかなか難しい。カメラを常時オンにしている現場もゼロではないが、メンバーの緊張を強いることにもなりかねないため、単純作業をひたすら行うような現場以外はオススメできない。VRチャットのようなものが普及すればこの問題も解決するかもしれないが、いまはまだ難しいだろう。

　そこで、社内外のオンライン上で展開されるSlackやTeamsなどに飛び交うフローの情報を、WebディレクターがGoogle DocumentやNotionなどのストックツールを使って簡潔にまとめ、朝夕などのオンラインミーティングの場で発表するとよいだろう。

プロジェクトを他人事にしない仕組み

　サイトの制作過程ではデザイナーはデザイン、プログラマーはプログラムと、自分の専門分野が意識の中心になる。しかし、デザインとプログラムなど、複数領域が密接に関わる部分は多数存在する。

　例えば、デザイナーがコンポーネント化が難しいデザインを作り、プログラマーの確認なしでクライアントの了承を取ってしまう。決定をあとから覆すのは難しく、今後の実装や運用の効率は格段に悪くなることが予想される。こうしたコミュニケーション不足もリモート環境では起こりやすい。専門領域外だからといって、相手任せにしないよう心がけたい。

　現在はWeb制作ツールのクラウド化が進み、情報の共有も格段に行いやすくなっている。例えばAdobe XDはクラウド上にオンラインプレビューを行うためのURLを発行することができ 図2 、特別なツールを用いることなく誰でもコメントを同時に書き入れることができる。例えばワイヤーフレームの段階で、（ワイヤーフレーム担当ではない）プログラマーやライター、デザイナーなどもクラウド上で確認しそれぞれの視点からコメントを入れるようにすれば、後々の手戻りが減り、今後の作業効率も確実にアップする。

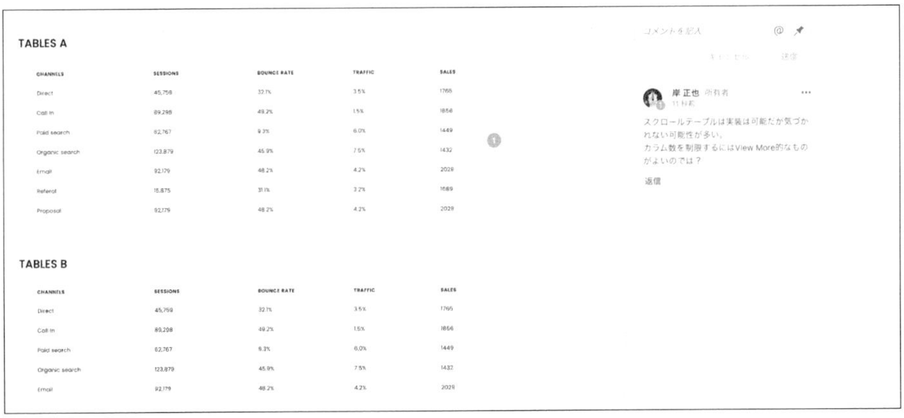

図2 **Adobe XDのコメント機能**
クラウド上のプレビューツールを利用すれば、回覧板のように各メンバーがリニアにファイルを回してコメントを入れていく作業を同時に行うことができる

02 マイルストーンの設定とスケジュールの管理

精度の高いスケジュールはトラブルを防ぎ、プロジェクト全体のクオリティを高める。そのスケジュールを組む上で押さえておきたいのが、適切なマイルストーン設定である。

栄前田勝太郎（株式会社ゆめみ）

マイルストーンの効果

マイルストーンとは、プロジェクトにおける中間目標地点であり「重要な意味をもつイベント」のこと。プロジェクト内で大きな節目になる部分や、遅れてしまうとスケジュールが破綻してしまうような部分に設定する。Webプロジェクトにおいては、仕様書の確定やベースデザインの確定などがマイルストーンにあたる。

ディレクターはプロジェクトの進捗をマイルストーンがクリアできているかで判断する。また、日々プロジェクトが進行していく中で、その進捗状況をプロジェクトメンバーが常に把握することは難しいため、マイルストーンという目処を設定する。すると、その目処でクライアントを含めたメンバー全員が全体の進捗や問題点などを確認できるようになる。

マイルストーン設定に必要なポイント

プロジェクトを効率的に進めるマイルストーンを設定するためには、以下の3つのポイントが重要になる。

①期限の設定

いつまでに完了させるのかを設定する。

長い期間、大きな機能を設定するのではなく、2〜4週間くらいの期間で完了可能な範囲で決める、というような考え方をするとよいだろう。期間が長くなってしまうと全体のスケジュールにおけるリスクが高まってしまうためだ。

②タスクの設定

可能な限り具体的なタスクを細かく分割して作成す

る。例えば技術系の要件定義であれば、「サポートブラウザ定義」という書類の項目レベルまでタスクとして分解すべきだ。

③担当者の選定

誰が対応するのか、を明確にする。タスクに分割した場合も同様で、誰が担当者なのか、という所在をはっきりとさせておくべきである。途中で担当者が変更される場合もあるが、マイルストーンがスタートする時点ですべてのタスクを割り当てておくことがよい管理につながるため、仮でもよいのでいったん設定する。

スケジュールの管理

スケジュールは作成するよりも管理するほうが難しく、重要だ。また一度作ったら終わりではなく、開発が進むにつれてスケジュールも更新して、調整をしていく必要がある。

スケジュール管理とは、スケジュールを作成し、スケ

図1 Backlogなどのツールで随時管理を行う
どのツールを利用しても、随時情報を更新して管理を行うことが大切だ

ジュールを管理するための運用ルールを決め、進捗を把握し、必要に応じて調整を行うことだ。

スケジュールを組み立てる

スケジュールを作成する際には、ゴールまでの間にマイルストーンを置いて、各ポイントまでに「何が、どれくらい」到達している必要があるかを定める。

細かいスケジュールは各マイルストーンを設定したあとに、そこから日時を逆算して組み立てる。

ルールを決める

プロジェクトをスタートしてみると、想定外の思わぬトラブルに遭遇することが多々ある。1つのタスクが遅れることで次のタスクにも遅れが生じ、最終的にはプロジェクト全体の進捗にまで影響が出てしまうことも少なくない。

そこで、進捗を報告・把握する間隔を決めることはもちろん、遅延を想定して一定の遅れが生じた場合のリカバリ方法などの運営ルールを決めておく必要がある。

進捗を把握する

定例会議や朝会、あるいはメールやプロジェクト管理ツールで、プロジェクトがスケジュール通りに進んでいるか日々の進捗を把握する。遅延や新たなタスクの発生など、計画したスケジュールからの変更が起こったときには速やかに次のような対策を検討して、影響を最小限に留めるようにする。

タスクを調整する

スケジュールの進捗状況により、必要に応じてタスクを調整し、プロジェクト進行をコントロールする。

スケジュールに遅れが生じている場合、以下のようにタスクを調整することで期限に間に合わせるようにする。

- 複数のタスクが同時に進行している場合、それをまとめて1つのタスクにする
- 遅れが生じているタスクを複数のタスクに分割して、スピードアップを図る
- 前後のタスクを組み替えることで、遅延を解消する

スケジュール管理ツールについて

筆者はスケジュール作成・管理をExcelで行うことはおすすめしない。Excelの場合、タスク・スケジュールの調整を行う際にスケジュールを調整しているのか、Excelを調整しているのかがわからなくなってくるためだ。できれば、「Backlog」図1 のようなマイルストーンとスケジュールが連動するプロジェクト管理ツールや、Wrike、jootoのようなガントチャートツールを利用することを推奨する 図2 図3 。ほかにも同様のツールはあるが、マイルストーンの設定や遅延タスクの分割などを行うことができる、ガントチャートやバーンダウンチャートの機能を持っているという点で、スケジュールの作成・管理を行うツールとしてこれら推奨したい。

図2 Wrike
https://www.wrike.com/ja/

図3 jooto
https://www.jooto.com/

CHAPTER 4
03 制作マニュアル・ガイドライン

制作マニュアル・ガイドラインを整備することで、効率のよいページ作成を行うことができるだけではなく、グランドデザインに準拠した統一感のある利用しやすいWebサイトに仕上げることが可能だ。

岸 正也（有限会社アルファサラボ）

制作マニュアル・ガイドラインの位置づけ

制作マニュアル・ガイドラインの定義は、Webサイトのタイプや制作体制によってまちまちである。LPにおける制作マニュアル・ガイドラインとコーポレートサイトにおける制作マニュアル・ガイドラインが違うのは想像に難くないだろう。

ここではコーポレートサイトなどでよく採用される「CMSを利用したテンプレートにコンテンツを流し込むWebサイト」での制作マニュアル・ガイドラインについて取り上げることとする。このタイプのWebサイト制作フローをドキュメントの視点で区分すると

1. グランドデザインやフロントエンドの実装方法を設計
2. 1を構成するコンポーネントやそれらを構成するUIパーツなどを制作
3. 2で制作したコンポーネントやUIパーツをCMS上から利用できるように設定
4. 完成したCMS上から2をコンテンツ・コンテキストにあわせて選択し、CMS上から各ページを制作

となる。そして1～3のためのドキュメントを仕様書、4のためのドキュメントを制作マニュアル・ガイドラインと呼ぶ。そのため、ここで定義した制作マニュアル・ガイドラインの対象者は、必ずしもデザイナーやコーダーではないこともポイントとなるだろう。また、作成した制作マニュアル・ガイドラインは、運用時の注意事項を追記することで運用マニュアル・ガイドラインに流用することができる 図1 。

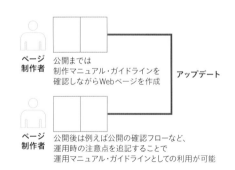

ページ制作者　公開までは制作マニュアル・ガイドラインを確認しながらWebページを作成

アップデート

ページ制作者　公開後は例えば公開の確認フローなど、運用時の注意点を追記することで運用マニュアル・ガイドラインとしての利用が可能

図1 制作時と運用時のドキュメントの関係

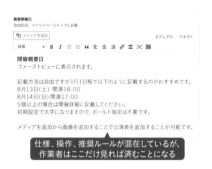

仕様、操作、推奨ルールが混在しているが、作業者はここだけ見れば済むことになる

図2 CMSにおける制作マニュアル・ガイドラインの例

制作マニュアル・ガイドラインについて

制作ガイドラインの内容は大きく2つに分類される。

1. ページを制作するためのCMS操作マニュアル
2. ページのデザインやコンテンツのルールを示した制作ガイドライン

ここでは主に2の制作ガイドラインについて説明するが、実際は1と2を切り分けないほうがよい。特にデザインや編集などについて詳しくない作業者にとっては操作手順とそこで守るべきルールの区別はつきにくく、作業ステップごとに両方同時に示すほうが、ルールを遵守したページを効率よく制作することができるだろう 図2 。

制作ガイドラインのポイント

制作ガイドラインのポイントとして、作業者の属性に関わらず、設計したグランドデザインに沿ったWebサイトができあがるかどうかが肝となる。なぜならページ作成の作業者それぞれが、それぞれのセンスだけでページテンプレートを選んだり、UIパーツを組み合わせたりしていけば、デザインがすぐに破綻するからだ 図3 。

そのためには逆の発想で、できる限り制作ガイドラインに多くのルールを記載せずに済むよう、CMSを開発することがWebサイトのデザインが破綻しないための重要な要素となる。例えばCMS上からフォントの色やサイズを変えられない仕様になっていれば、フォントについての記載は不要だ 図4 。ほかにも例えばグローバルナビゲーションやパンくずリスト、関連リンクなどが自動的に出力される機能があれば、それらに言及する必要はない。CMSにある程度自由にコードが書ける場合も、基本は必ず2で実装したUIパーツのコードを利用するようなルールにするとよいだろう。また、例えばリード文をルールで100〜150文字と定めた場合も、CMSの入力フィールドにその文字数しか入らないように実装することで、仮に制作ガイドラインを丁寧に読まない作業者がいても必ずルールが守られることになる。

例えばCMSで典型的なページを作成する場合、ガイドラインとしては以下のようなところを記載することになるだろう。

- ページレイアウトの例
- ページタイトルやディスクリプションの文字数や書き方
- URLの決め方
- メイン画像のサイズ・イメージ例
- OGP画像のサイズ・イメージ例
- レイアウトの構成例
- タグの選び方
- 各入力フィールドにおける文字数や書き方のルール
- 各入力フィールドにおける注意事項

図3 制作ガイドラインを定めていない場合
どちらの制作者の意見も一理あるが、ユーザーはどこにスペックがあるか迷ってしまう。このようにならないようにルールで縛る

図4 ルールに沿った機能の実装でガイドラインが不要になる

ワークスタイルの多様化とコラボレーションツール

リモートワークの増加やワークスタイルの多様化にともない、プロジェクトの管理や情報共有の手法が変わりつつある。ニューノーマルな社会に対応した情報共有を円滑に行うツールを活用しよう。

滝川洋平

アフターコロナ社会のミーティング

コロナ禍を経て、働き方は大きく変化した。在宅勤務はさまざまな企業で急速に浸透し、対面でのミーティングの機会はオンラインミーティング(以下、Web会議)に取って代わられている。

コロナ以前は制作サイドも発注サイドも、それぞれのチームは同じ環境でタスクに当たっていた。そのためチーム内でのコミュニケーションの流量も多く、メンバー間での情報共有や意識共有も精度を高く保てていたはずだ。

そこに急速な働き方の変化が起こり、有無を言わさず新しい働き方に適応を強いられ、慣れない環境に翻弄された時期もあったのではないだろうか。

コロナ後のスタンダードへ

それから数年が経過したいま、リモートワークやWeb会議はもはや日常となり、ミーティングのために移動時間を費やすよりもオンラインで実施したり、遠隔地で業務にあたるメンバーとプロジェクトに取り組んでいく流れは恒久的になものになりつつある 図1 。

そのため、正確な情報共有と、意識の共有を図るためにもオンラインのコラボレーションツールの重要性はますます高まり、組織やチームに情報のオープン化とコラボレーションの文化を以前にも増して育成しなければならなくなった。以降は、そうした新しい時代のニーズに応えるツールを紹介していく。

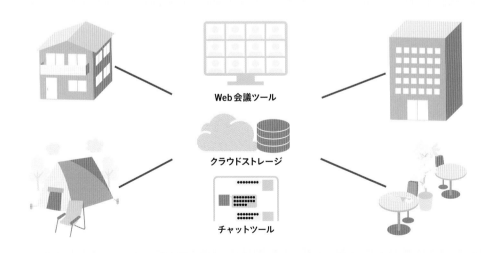

Web会議ツール

クラウドストレージ

チャットツール

図1 コロナ禍によって働く場所はオフィスに限定されなくなった

Web会議ツール

　ここ数年で一気に普及したのがWeb会議だ。対面で膝を突き合わせて話をすることが当たり前だった社会が、対面が難しい状況になり、オンラインで置き換えられるものから切り替わっていった結果、社会的に受け入れられるようになっていった。

　Web会議ツールは特長別にさまざまな種類が存在するが、2021年にMM総研が行った調査によると、使用しているWeb会議システムの9割がZoom、Teams、GoogleMeetsで占めているという。しかしながら、基本的にはミーティングの相手とその関係性によって使用するWeb会議システムは変わるため、どのサービスでも使用できるように環境は整えておこう 図2 〜 図4 。

カメラよりもマイクに意識を

　Web会議は、Webカメラで表情をクリアに伝えることよりも、マイクに意識を払って、こちらが話す声や音声をクリアに伝えることのほうが重要だ。カメラは通信帯域を多く使用するため、通信速度が苦しい参加者がいるとカメラ機能をオフにせざる得ないこともあるが、発話しなければならない場合はきちんと内容を届ける必要がある。

　PCの本体に付いているマイクでもWeb会議は可能だが、マイクの位置や音を拾う指向性の違いから声が遠くなったり、環境音が入ってしまい、音声が聞き取れないことが起き得る。

　そのため、最低限イヤホンマイクなどを使い、環境音などのノイズを極力減らして臨むことを意識したい。外付けのマイクやヘッドセットを用意せずとも、普段使っているワイヤレスイヤホンや、コンビニなどで手に入るイヤホンマイクで十分だ。

画面共有を行う際の設定を見直す

　Web会議の際、画面共有を行う際は共有対象のウィンドウや画面と、メッセージやメールの通知機能の設定状況を確認しておこう。

　自分がデスクトップ全体を共有しているのか、ウィンドウを共有しているのか、注意を払っていないと思わぬ情報漏洩に繋がったり、BYOD（Bring Your Own Device：私物端末の業務使用）の場合では、プライベートな情報を思わぬ形で開示してしまったりという事故につながるためである。

図2 Microsoft Teams
Microsoft 365アプリケーションの一部であるため、Microsoft Officeを使用している企業には導入しやすい
https://www.microsoft.com/ja-jp/microsoft-teams/

図3 Zoom
独立したサービスのため利用しやすく、無料版でも40分まで使用できるので、テレビ会議普及の立役者といえるだろう
https://zoom.us/

図4 Google Meet
Googleによるテレビ会議サービス。ブラウザベースで簡単にテレビ会議が行えるため、気軽にテレビ会議が実施できる
https://meet.google.com/

情報共有とコラボレーションを加速させるツール

　情報共有で大事なことは、共有手段を無理に固定化しないことである。とはいえ、各自が勝手に好きなツールを使えるように認めてしまうと収拾がつかなくなるため、ある程度のガイドラインは必要である。共有する情報の内容やメンバーのリテラシーに応じて適切な共有手段は変化するものと考え、ツールの選択は導入・学習コスト、および次の点を踏まえて検討しよう。

- 内容の確認や整理が行いやすい
- 同時に複数人とのコミュニケーションが可能
- 情報を発信・共有しやすい

　プロジェクトにおける情報共有やコラボレーションに役立つツールの代表的なものとして、本稿執筆段階では筆者はSlack 図5、Dropbox Paper 図6、Notion 図7 などをおすすめする。

　フロー型のチャット形式のコミュニケーションツールであればSlackやChatwork、ストック型と呼ばれる情報共有するためのツールとしてはDropbox PaperやNotion、1つのツールでコミュニケーションと情報共有を簡潔させるのであればAsanaやBacklogが導入しやすいだろう。

どこにいても情報が確認できるように

　リモートワークが一般化しても、オフィスをなくすところまで取り組む企業は少数派であり、出勤して業務にあたるメンバーがいなくなることは考えにくい。

　出社しているメンバー間の会話だけで新しい情報が共有されたり、ローカルなファイルサーバーにしかプロジェクト関連の情報が共有されなかったりなど、出勤しなければプロジェクトに関する情報が確認できない状況があると、リモート組と出勤組との間に非対称性が生まれてしまうケースは起こりえる。

「情報をオープンに共有する文化」を作る

　情報共有は意識して行わないとすぐおざなりになり、「誰が何をやっているのかよくわからない」「必要な情報すらついうっかり伝え忘れてしまう」という状況に陥る。

図5　Slack
Slackのデスクトップアプリケーション。左側のカラムでチーム選択できるため、複数案件を抱えていても管理しやすい
https://slack.com/

図6　Dropbox Paper
Dropbox が提供するオンライン共同ドキュメント編集サービス。Markdownにも対応しており、テレビ会議中のホワイトボード代わりにも活用できる
https://www.dropbox.com/paper/

図7　Notion
さまざまな情報をクラウド上で一元管理できるドキュメント管理ツール。オンラインメモはもちろん、カレンダーやTrelloのようなカンバン型タスク管理までワンストップで管理できる
https://www.notion.so/

チーム内で情報共有を効果的かつ継続的に続けていくには、情報を共有する文化を根付かせることが必要である。

チャットツールを活用していても、情報共有がうまく行われないケースにダイレクトメッセージ（DM）機能の多用がある。DMでのコミュニケーションを頻繁に行っていたらDMグループ以外のメンバーには全く伝わらないし、新しくジョインしたメンバーが情報や経緯を追うのも困難になってしまう。

チャットツールに限らず、クローズドでのコミュニケーションを極力避けるようにするオープンな文化を作っていくことを心がけよう。

フロー度の高いチャットツール

現在ビジネス用途で主流のチャットツールは、「Slack」「Chatwork」「Microsoft Teams」「Facebookグループ/Messenger」などだ。これらのツールはクラウドベースのアプリケーションのため、各サービスのサーバー上に保存されている。そのため、会社からでも自宅からでも、移動中のスマートフォンからでもリアルタイムで進行中のコミュニケーションにアクセスできる。

さらに、メッセージに画像ファイルやドキュメントファイルなどを添付することもできる。これらのファイルも同様にクラウド上で保存され、どのデバイスからでも取得できるので、出先で作業を行うときも作業ファイルの手配に煩わされないで済む。

優れた検索機能

これらのツールがコミュニケーションツールとして優れている点が検索機能である。

メールを開かないと内容が確認できなかったり、やり取りの過程でメールのタイトルと関係ないトピックに話題が移っていたりと、経緯を追うのに手間がかかる。

それに対して、チャットツールの検索機能は強力だ 図8 。サービスや契約プランにもよるが、基本的には過去ログすべての検索ができる。日付や発言者などでフィルタリング検索でき、途中でプロジェクトに参加しても経緯を追ったり状況を確認したりといったことが容易に行える 。

コミュニケーションツールは銀の弾丸ではない

しかしながら、ツールを入れたからといってすべてがうまくいくわけではないのが現実である。優れたコミュニケーションツールを使用しても課題やタスクを見落とすメンバーは必ず出てくるし、ツールに載らない情報も必ず生まれる。だからこそ課題をすべて解決する銀の弾丸にはなり得ない、という認識を持とう。

ツール一辺倒にならず、ときにはレガシーな電話やメールなどの連絡手段を交えることも必要だ。

必要な情報がメールごとに分散

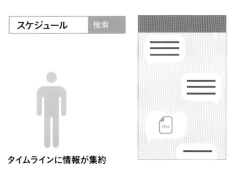

タイムラインに情報が集約

図8 コミュニケーションツールの導入

CHAPTER 4
05 リモート環境での データ管理ツール

働く場所がオフィスに限らなくなった今、制作の現場における素材のやり取りとデータ管理のワークフローを見直してみよう。

滝川洋平

オンラインのデータ管理

コロナ禍以前のようにオフィスに出社する働き方が前提だった時代には、素材や成果物、ドキュメントなどはルールを決めたうえで、社内ネットワーク上のサーバーなどに保存し、運用していた方が多いだろう。

しかしリモートでも格納場所へのアクセスが求められるようになり、VPNやオンラインストレージなどの環境整備が必須となった。

増加するファイル容量

今日では、動画ファイルのような大容量データの取り扱い機会の増加や、画像ファイルの高解像度化など

もあり、作業用のファイルを圧縮してメール添付で送信することが難しくなった。そこでファイル転送サービスなどを利用してデータの授受を行うこともあるが、セキュリティの観点から敬遠されたり、大容量のデータの場合、ファイル転送サービスからのダウンロード速度が遅かったりという課題から、組織としてのデータインフラの整備が求められている。

オンラインストレージの活用

このように、リモートワークにおいてクラウドのオンラインストレージは必要不可欠である。制作データの管理にはもちろん、素材データの受け渡しにも使用でき、データを集約して一元管理にも役立てられる。

	Google Drive	One Drive	Dropbox	box
料金	680円〜	540円〜（ストレージのみ） 900円〜（デスクトップアプリ含む）	1,500円〜	1,710円〜
容量	30GB〜 （1,360円のプランの場合は2TB）	1TB	5TB	無制限
オフライン使用	○	○	○	○
特長	Google Workspaceを構成する機能のひとつ。ドキュメントの共同編集が可能。1,360円プラン以上の場合は、5人以上で契約すると容量が無制限に。	Microsoft 360の機能のひとつ。Officeアプリケーションと高い親和性を持つ。Outlookを使って大容量のファイルをメールに添えて送信可能。	クラウドとローカルの強力な同期機能を持ち、180日以内のファイルバックアップが可能。大容量ファイルの転送機能を持つ。	プランごとにファイルサイズの容量制限を持つが、ストレージの容量は無制限。さまざまな業務アプリと柔軟に連携できる。

図1 オンラインストレージの比較
使用しているビジネスアプリにオンラインストレージが用意されていることも。用途に合わせて選定しよう

代表的なオンラインストレージは 図1 だが、Google DriveとOneDriveは、ビジネスアプリケーションスイートのGoogle WorkspaceやMicrosoft 365を利用していれば、1ユーザーごとに1TB前後のストレージが割り当てられるのでワークフローに導入しやすいだろう。

これらオンラインストレージはクラウド環境とローカル環境の同期機能もあるため、ダウンロードやアップロードを意識せずに扱えるところも利点である。

仕組みとルールでデータの分散化を防ぐ

オンラインストレージにより、データの管理はしやすくなっても、メールやチャットツールでデータの授受がなされたり、ファイル転送サービス経由で素材が支給されてしまうことは避けられない。そうして分散した情報やデータの探す時間に手間取られないように、オンラインストレージの運用にも社内ファイルサーバーと同様にルールを設けておこう。

例えば、zipファイルは解凍して格納すると、オンラインストレージの機能で検索しやすくなる。zipファイルそのものは別途保存しておくことでバックアップにもなる。

COLUMN

VPN環境におけるメリットとデメリット

セキュリティを確保するという観点から、開発環境や管理画面へ接続元のIPアドレスを制限し、VPN経由でアクセスすることはコロナ禍以前から行われていた。VPNを利用すれば、社内ネットワーク上のファイルサーバーへ、社員のみをアクセス可能にしてセキュリティを確保できる。

しかし、ファイルサイズが大きいデータをやり取りするとVPN回線の帯域を圧迫したり、時間帯によって回線が遅くなり、ファイルの取り出しに時間がかかってしまうこともある。また、データが増えればファイルサーバーも継続的に拡張を続けなければならず、ストレージと回線帯域両方の管理コストが増大する。

一方で、オンラインストレージの容量を際限なく拡張することはコスト面でもサービスの使用面でも難しいため、両者を併用して用途ごとに使い分けていくことが求められる。

図2 DropBox
アメリカのDropbox, Inc.が提供
https://www.dropbox.com/

図3 OneDrive
Microsoftが提供
https://www.microsoft.com/ja-jp/microsoft- 365 /onedrive/online-cloud-storage/

図4 GoogleDrive
Google Workspace に含まれるサービスのひとつ
https://www.google.com/intl/ja_jp/drive/

図5 Box
法人向けクラウドストレージサービスで高いシェアを誇る
https://box.com/ja-jp/home

CHAPTER 4

06 進捗管理

現場はイレギュラーな事態が発生することも多く、進捗管理に胃の痛い思いをしているWebディレクターも多いと思われる。本節を参考に進捗管理をスムーズかつロジカルに行う自分なりの手法を確立してほしい。

岸 正也（有限会社アルファサラボ）

作業の進捗管理

Webサイト制作において、微に入り細を穿つ要件定義書があり、それを作業スタッフに渡せば、あとはゆっくりできあがりを待てばいい。あがってきた成果物をそのままクライアントや上司に見せれば作業は終了……。

筆者長年のディレクション経験の中でもそんなことは滅多にない。たとえ著名なWebデザイナーにお願いした場合も、さまざまな問題は発生し、もちろん進捗管理は必要だ。進捗管理は、

といった単位をそれぞれ意識しながら、行っていくことが必要だ。「随時」のように頻度の高い小さな単位から、進捗の達成目安となるマイルストーンまで、同時に意識することを心がけよう。

制作はリニアに進んでいくので、こまめに進捗管理を行い、できるだけ早く問題点を洗い出し、必要に応じて軌道修正を行えば手戻りは少なくなる。ただ、ここで問題なのは、管理の単位が細かくなればなるほど、タスクに対する高度な理解とスタッフとの信頼関係がないと難しいということだ。

例えばプログラマーから「いまこの機能のコードを書いていてさ」と言われたことに対し正しい評価をしたり、デザイナーの完成度が50％程度の成果物からそのエッセンスだけを見抜き、最終成果物の手助けになるよう指示をしたりということができなければ、そもそも管理の意味がない。

例えばあなたがデザイナーで、「どうですか？」「何％できていますか？」とだけひたすら聞いてくるWebディレクターを信頼できるだろうか？

筆者の個人的見解ではあるが途中の成果を正しく評価できるのがWebディレクターの重要な役割であると考える。ぜひ、その実力をつけてほしい。

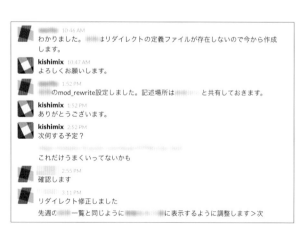

図1 Slackなどのツールで随時管理を行う

スタッフが作業中、気になる箇所はできるだけ即確認するように習慣づけよう。また、作業者に空き時間が出ていないか、過度なタスクを背負っていないかなど状況を随時確認して効率化を図ろう

随時管理

随時管理は、うまく行えば作業効率の向上・チームワーク意識・問題点の早期発見・お互いの教育的効果など、ソフトウェア開発における「ペアプログラミング」と同じような効果を享受できるため、積極的に行っていきたい。随時管理を行うには、チャットツールなどを利用し、スタッフの作業への集中を欠くことのない管理体制を確立しよう **図1**。

随時管理を行うことができれば、クライアント確認や納品直前に「クライアントに提出できるレベルになっていない」、「ヒアリングした内容や要件定義書と違う」などと焦ることもなくなる。

ただしこの方法は、Webディレクター自身がタスクに対する理解度が高く、かつプログラマーやデザイナーなどのスタッフとの信頼関係がないと、スムーズに事が運ばない。

「彼（彼女）に見てもらえば安心だ」と思われるWebディレクターを目指そう。

デイリーやWBSの項目単位での管理

随時管理がフローだとすれば、デイリーやWBSの項目単位での管理はある程度の作業量がたまったストックの状態といえる。この段階でのチェックは、ある程度ロジックにもとづいたテストや確認となる。Webディレクターが確認作業をしている間に、作業に空き時間が出ないよう、**図2** を参照してスムーズに次の作業に移行できるような手順を組み立てよう。

この単位の管理では随時と違いオフィシャルな記録が必要だ。チャットツールではなく、Microsoft Projectやtrelloなどのプロジェクト管理ツールを利用し、チャットツールなどで得た内容を、ストックに落とし込む。

情報や状況をストックすれば作業の進捗状況が一目瞭然になる。例えば漠然と決めていたタスクの組み換えやリソース再配分も、かなりロジカルに行うことが可能になる。ロジカルに変更を行うことを提案すればステークホルダーの理解や協力も得やすくなるのだ **図3** **図4**。

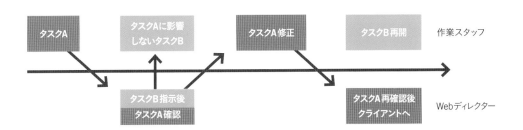

図2 作業者の空き時間を減らす
スタッフの空き時間が少なくなるようにタスクを調整すれば、プロジェクトの作業効率も高まり、またスタッフの労働時間も削減することができる

図3 プロジェクトのWBSビュー
プロジェクト管理ツールにWBS単位でタスクを登録し、進捗状況から注意点、問題点、タスクの割り当て（再分配）などをすべて一元管理する。この例は国産プロジェクト管理ツールJooto（https://www.jooto.com/）を利用している

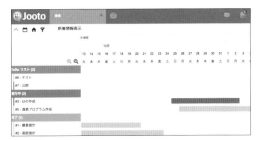

図4 ガントチャートビュー
ガントチャートが生成できるプロジェクト管理ツールも多く、そのまま全体会議やクライアント報告などに利用できる。この例は左で紹介したJootoに登録したタスクをガントチャートビューに切り替えたもの

CHAPTER 4
07 プロジェクト内容の 確認依頼

顧客や上長など発注元や意思決定者への確認は、Webディレクターの重要な仕事だ。ただし、プロジェクト内で発生した疑問をそのままぶつけるようではいけない。ここでは円滑な確認方法について説明する。

岸 正也（有限会社アルファサラボ）

確認依頼のタイミングとポイント

クライアント、自社サービスの場合は上長など、発注元や意思決定者への確認方法を説明する。確認をする相手はさまざまなので、便宜的にここでは「確認者」と呼ぶ。まず、確認を行うタイミングは、進捗管理と同様に、いくつかの段階がある。

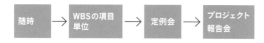

確認を行う際に必ず考えなければいけないことは

- 確認者は必ずしもWebサイトの専門家ではない
- 確認者は私たちとは違う視点を持っている

ということだ。Webサイトの確認者が間違っている場合はその判断が違っていることをロジカルに説明する必要があるが、その判断には、Webサイト制作上のルールとは違うレイヤーの価値観が入っていることも多く、その真意がWebサイトのKPIを左右することも多いので

充分なディスカッションが必要である。

確認者による示唆とWebサイトの約束事を合わせた最適解を見つけよう。

随時確認

随時確認は、スタッフ同士で行うときとは違い、確認者へのイレギュラーな連絡は必要最小限に留めたい。

例えばスタッフから上がってきた疑問をすべてそのまま「確認者」に流すようでは、その人はWebディレクターとはいえない。確認者にWebディレクターの仕事を肩代わりさせているだけだ。その状態を許容しているプロジェクトも散見するが、Webディレクターにとっても確認者にとってもよいことではない。

とはいえ、確認者の判断がないとクリティカルパスの作業が遅れる場合は、すぐさま確認を取ることが必要だ。

制作スタッフから疑問が発生し、どうしてもWebディレクターでは判断できない事案はMicrosoft Excel OnlineやGoogle スプレッドシートなどクラウドツールを

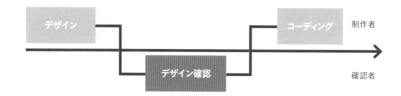

図1 WBSの項目単位
手戻りのある可能性があるものはできるだけ確認者の「確認フェーズ」を設けよう

利用して確認シートを作成し、疑問点、確認点を記載する。そのシートを確認者に共有し、時間のあるタイミングで答えてもらえるようにしておくとともに、優先度に応じてメールや電話、場合によっては対面など、ほかの連絡方法も併用して対処しよう。

WBSの項目単位

すべて完成していなくても、WBSで成果物の確認フェーズを設けることがある**図1**。これは確認者に判断してもらうことで手戻りの発生を防ぐものだ。

このフェーズはあくまで確認者の「判断」が必要な場合に設けたい。例えば「デザインがイメージ通りか?」「コンテンツの方向性がまちがっていないか?」など、確認者のレビューが中心となる。

誤字脱字やブラウザチェック、バリデーションチェックなどを確認者にやってもらうことを期待してはいけない。基本的な部分は必ずディレクターが提出前にチェックすること。その上で、

- どこを確認してほしいか
- 見なくていい(まだ作業中の)箇所はどこか?
- どんなフィードバック、判断がいつまでに必要か?

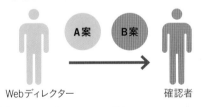

- A案とB案どちらがイメージに近いか教えてください
- 文字はダミーです
- ○○日までに判断いただけると幸いです

Webディレクター　　確認者

図2 デザイン確認の例
確認したい点や期日などを明確に伝えよう

を明確にしたうえ、確認を依頼する**図2**。

フィードバックが返ってきたらそれを今後のタスクに反映していくのだが、フィードバックに問題がある場合もある。例えば**図2**に対し「A案の上部とB案の下部にしてください」などのフィードバックが返ってきた場合、ビジュアルデザインや情報設計に破綻をきたすこともある。ただその場合も、前述のように確認者は「私たちと違う視点で見ている」ことを忘れてはいけない。私たちが気づいていない何か意味があるはずだ。その意図を引き出して正しい修正方向を導き出すのがディレクターの役割でもある。

定例会・プロジェクト報告会での確認

プロジェクトがある程度の規模であれば定例会を開くべきだ。形骸化した定例会は意味がないが、(オンラインでも)対面してディスカッションすることで確認者と信頼関係を築くこともできるし、確認点・不明点を充分にディスカッションすることもできる。新たな提案や今後の施策も定例会から生まれることが多い。

定例会の主なアジェンダは、

- プロジェクトの進捗 **図3**
- 課題管理シートなどを作成し、課題の共有と相談
- 確認シートで確認者に確認したい点を深掘り

ここまでくればプロジェクト報告会はそれほど難しくない。プロジェクトの進捗と成果物の発表を中心に行うことになる。ただしプロジェクト報告会は通常コンタクトしている確認者の上長が参加することも多く、経営視点、事業視点、セキュリティ視線などの質問が出てくる可能性もあるので、その質問に答えられる準備を怠らないようにしたい。その準備は実際のプロジェクトの今後に必ず役に立つだろう。

▲WEBサイト	18日	07/15(金)	08/09(火)
ページデザイン	4日	07/15(金)	07/20(水)
ご確認・文言作成	4日	07/21(木)	07/26(火)
支給原稿入れ込み・デザイン修正	2日	07/27(水)	07/28(木)
ご確認	1日	07/29(金)	07/29(金)
修正	1日	08/01(月)	08/01(月)
htmlコーディング	4日	08/02(火)	08/05(金)
ご確認	1日	08/08(月)	08/08(月)
修正・納品	1日	08/09(火)	08/09(火)

図3 プロジェクトの進捗報告
プロジェクトの進捗状況を数値化して報告する。ガントチャートを利用すると一目瞭然だ

現場の状況変化に合わせた対応

プロジェクトが制作フェーズに入ると、現場のトラブルやスケジュール遅延などが起こってくる。その都度、柔軟に対応する以外にも、前段階での準備を行うことでトラブルになる可能性を減らすことができる。

栄前田勝太郎（株式会社ゆめみ）

リスクマネジメントのポイント

　プロジェクトにおけるリスクとは、トラブルとなり得るさまざまな事象のことだ。

　リソース不足やスケジュールの遅延、サーバー設定のトラブル、クライアントの確認の遅れ。成果物においては、表示崩れや記載間違い、動作不良など……。このように、さまざまなリスクが数多く存在する。

　しかし、そうしたリスクは事前に予測し、予防策を実施したり、用意しておいた対応策を迅速に実行することで、トラブルを起こさない、あるいは被害を最小限に防ぐことが可能となる。

　リスクマネジメントとは、予想されるリスクを事前に洗い出し、それらに関する対策（計画）を検討しておくこ

とを指す。制作工程に入る前にディレクターが中心となってリスクを洗い出すが、ディレクターだけでは時間もかかり漏れも生じるため、できるだけ制作スタッフ全員で検討するようにするのがよいだろう。

　洗い出したリスクは、リスク管理表を作成して、重要度（優先度）に応じて整理する。その上で、各項目の対応策（計画）を考えて、管理表に記入していく 図1 。

リスクマネジメントの4つの対策

　プロジェクトにマイナスの影響を与えるリスクに対して取り得る対策には、「回避」「転嫁」「軽減」「受容」の4つがある。

　例えば、新しい技術を使用してシステム開発を行うこ

カテゴリー	リスク内容	想定対策方法	発生率	影響度	重要度
協力会社の選定、および交渉	要件に合う協力会社を選定できない	要件、スケジュール等の見直し。協力会社の選定自体を外部に依頼	3	3	8
	価格が折り合わない	スコープの調整、価格交渉、協力会社の見直し	2	2	6
	契約が開発着手の期日までに間に合わない	事前の社内調整、契約の後付け	2	2	5
	新規の会社で社内承認がおりない	事前の社内調整、契約方法の検討	2	2	5
要件定義	クライアント社内の意見調整がつかない		2	4	3
	クライアント側の要件を把握している人物が不在	事前にキーマンの確認、設定を依頼	2	4	4
	新しい要件が次々と出てきて、いつまでたっても要件がまとまらない	優先順位、フェーズの切り分けの提案、スケジュール意識を共有	4	5	6
	要件定義の結果、当初の見積りを大幅に超える作業ボリュームとなってしまう	スコープの調整、予算交渉	5	5	6
デザイン	デザインのクオリティがよくない	デザイナーの変更	4	4	5
	スケジュール通りにデザインが進まない	デザイナーの増員、スコープの調整	3	3	4
	デザイン段階で設計ミス、もれが判明する	事前の仕様確認を複数名で行う	2	5	6
	修正指示の対応がもれが多い	チェック体制、ルール化。修正指示書の確認	4	4	4
プログラム開発	プログラムのクオリティがよくない	チェック体制、プログラマーの変更	2	3	5
	スケジュール通りに開発が進まない	プログラマーの増員、スコープの調整	3	3	4
	開発段階で設計ミス、もれが判明する	事前の仕様確認を複数名で行う	2	5	6
	修正指示の対応がもれが多い	チェック体制、ルール化。修正指示書の確認	4	4	4
テスト	テストを行うのに十分な期間がない	スケジュール調整、テスターの増員	4	5	6
	テストを行うために十分な人員がアサインできていない	スコープ、テスト方法の調整	3	4	5
	テストを行うためのデバイスが用意できていない	スケジュール、テスト方法の調整	2	5	6

図1 リスク管理表の例

とにより、未知の不具合でスケジュールが遅延する可能性がある場合を想定してみる。

「回避」策では、そのような新技術は採用しない戦略を取る。「転嫁」策では、その技術を利用する作業を外部に委託することで、リスクの影響を外部の業者に移転させる。「軽減」策では、メンバーを研修に行かせ知識を習得させるなどして、スケジュール遅延の可能性を減らす。「受容」策は、スケジュール遅延を受け入れる策で、プロジェクト全体のスケジュールにバッファを設けるなどして対応する。

ディレクターは、制作進行中、作成したリスク管理表を確認して、予測したリスクが発生していないかを随時チェックする。もし発生した場合には、対応策(計画)の通りに対応する。事前にリスクを予測し対応計画を立てておくことで、迅速な対応が可能となるだろう。

トラブルが発生した際に行うこと

どんなに予測と対策を行ったとしてもトラブルが発生してしまうことはある。そういった場合にまず取るべき手順について紹介する。

プロジェクトメンバーに伝える

トラブルが発生した場合、まずはディレクターが問題をある程度とりまとめてから関係者に伝達するという対応を取りがちだが、たとえその時点で問題をよく把握できていなくても、問題が発生しているということだけは、下記の2つの理由からプロジェクトメンバーに最優先で伝えるべきだ。

①ひとりよりも複数人で取り組んだほうが解決が早い

ディレクター、エンジニアをはじめ、開発メンバーが把握している(よく理解している)領域はそれぞれ異なる。問題を切り分け、原因をいち早く発見するには、自分ひとりで対応しようとせず、関係者全員で取り組んだ方がよい。

②すぐに対応できる環境にいるとは限らない

ディレクターが連絡を受けるのはいつどこであるかわからない。またほかのスタッフも外出や旅行中ですぐには対応できないかもしれない。そのようなときに第一報を入れるのが遅れると、すべてが後手後手にまわって対策も遅れてしまう。

事後の対応

トラブルの発生には、必ず何かしらの理由がある。その発生している事象をしっかりと理解することが、トラブル解決のための第一歩だ 図2 。

「何が起こっているのか」を理解したら、次は「なぜ起こってしまったのか」の原因を考える。1つの事象に対して、複数の原因が絡み合うこともあるので、冷静に振り返ってみる。起こってしまったことは仕方がないことなので、どれだけリカバリーできるか、対応策をしっかりと打ち出すことが大切だ。

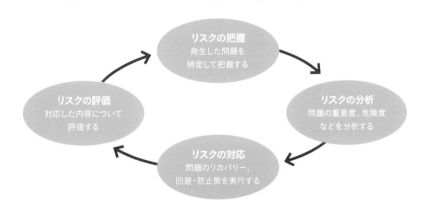

図2 リスクマネジメントのプロセス
問題が発生してしまった場合は、防止・再発しないことを目指す

CHAPTER 4

09

テストを効率化する ツール

テストフェーズは機能、コンテンツ、ユーザビリティ、セキュリティなど、Webサイトにおけるあらゆる面のクオリティを担保する重要なフェーズだ。ここではテストの実行に便利なツールを紹介する。

岸 正也(有限会社アルファサラボ)

Webサイトにおけるテストの意義

テストフェーズは制作と公開の狭間に設定されるが、現実問題として期間を短縮されたり、リソースを減らされたりするケースも多い。また修正に想定外の工数がかかることも予想されるので、明確なテスト仕様書に沿ったテストを迅速に終了させ、現場にフィードバックを返したい。以下でテストを効率化するためのツールを紹介する。

ウェブサイト・エクスプローラ

http://www.umechando.com/Webex/

サーバーにアップされたWebサイトのフォルダ構造や情報設計、リンク切れ確認(外部リンクも含む)などの機能を有し、これひとつで調査からテスト、SEOまで利用できるWebディレクター必須のツールだ

ブラウザの開発ツール

ChromeデベロッパーツールやFirefox Developer Editionなど、ブラウザが提供する開発ツールはWebディレクターにとっても必須のツールだ。エミュレーターやエレメントの色や大きさを変えるシミュレーターとしても便利。IEの開発者ツールでは旧バージョンのレンダリングをエミュレートすることも可能だ

HTML Conformance Checkers

https://whatwg.org/validator/

よく知られていたW3CはHTMLの標準策定をやめ、WHATWGが策定するリビングスタンダードがHTMLの標準となった。今後の納品時は、コーダーが必ずこのツールでチェックするように義務付けたい

PageSpeed Insights

https://developers.google.com/speed/pagespeed/insights/

Googleの提供するWebサイト速度測定ツール。特にモバイルは低速をエミュレートしているので高得点をとるのはかなり難しいが、改善提案も参考に得点を伸ばそう。SEOにもユーザビリティにもWebページの表示速度は大きく影響してくる

Just Right! 6 Pro

https://www.justsystems.com/jp/products/justright/

Just Right! 6 Proはジャストシステムの校正ツールだ(有料)。誤字や脱字はもちろん、「1個」と「一個」など文章のゆらぎもチェックができる。オプションで業界標準の共同通信社『記者ハンドブック』準拠に対応。HTMLファイルの読み込みも可能だ

PerfectPixel
https://www.welldonecode.com/perfectpixel/

PerfectPixelはデザインカンプとコーディングを比べることができる、Webディレクターにとって非常に役に立つツールだ。ただし、無理なコーディングを強いることになるなど、デザインカンプが必ずしもWebサイトにおいて最適でない場合も存在するため、その点はWebディレクターが熟慮をもって判断したい

Apache JMeter
https://jmeter.apache.org/

Apacheソフトウェア財団が開発しているJMeterはローカルPCから実行するタイプの負荷テストツール。100人同時に別の名前でWebサイトに登録し、さまざまな商品を購入するなど複雑なシナリオの負荷テストを効率よく行うことができる。実行結果はグラフィカルに表示可能。Webディレクターでも慣れればシナリオ設計が可能だ

SEO文字数(テキスト量)評価チェックツール
https://seolaboratory.jp/seotext/

SEOのツールは有償、無償を問わず数多く存在する。ここで紹介するのはテキストにおけるキーワード内包量をチェックするツールだ。このように無償のツールでも便利なものがあるが、基本的にSEO関連のツールは有償サービスへの入り口として公開しているものが多いと考えておいたほうがよいだろう

Selenium WebDriver
https://selenium.dev/

Webアプリのテストを自動化するツール。簡単なテストコードを書く必要があるが、バグの発見と、改修により予想外の箇所に影響が出ていないかを確認するリグレッションテストを効率よく行うことができる。中〜大規模システムで利用するとよいだろう。設定の難易度は若干高い

Optimizely
https://www.optimizely.com/

Optimizelyは世界トップシェアを誇るA/Bテストツール。ここではA/Bテストではなく、WebディレクターがWYSIWYGでレイアウト変更を行い、UIパーツやラベルを入れ替えた場合の表示を確認するなど便利に利用できるツールとして紹介したい。納得行くまで担当のWebサイトをOptimizelyで調整してみよう

Card validator
https://cards-dev.twitter.com/validator

昨今のWebサイトではソーシャルメディアからのシェア連動は必須だが、効果的でない画像やテキストをOGPに指定している例も散見される。Twitterカードでの表示は次ページで紹介しているFacebookのデバッガーとともに、必ず確認したいところだ

CHAPTER 4

10 Webサイトの公開

テストフェーズが終了したら、いよいよWebサイトの公開だ。公開時にもWebディレクターのやるべきこと、気をつけなければいけない点はたくさんある。各ポイントをまとめたので参考にしてほしい。

岸 正也(有限会社アルファサラボ)

最終確認

テストフェーズが完了しても、Webディレクターは時間の許す限り確認作業を行いたい。特に再度確認したいのは、次のような点だ。

- 各種ブラウザでの閲覧・動作確認
- スマートフォンデバイス実機の閲覧・動作確認
- OGP(FacebookやTwitterでのシェア)
- 誤字脱字
- リンク切れ、リンクミス 図1
- ファビコンやapple-touch-icon
- 旧サイトURLから新サイトURLへのリダイレクト

このタイミングでの確認はできるだけテストツールを利用せず、実際の利用環境でトップページの上部から順番に確認していく方式を取りたい。テスト時に抜けてしまった問題が丁寧な目視により多くの確率で発見で

きるのだ。

旧サイトURLから新サイトURLへのリダイレクトはユーザビリティ的な意味でもSEO的な意味でもぜひ行うべきだ。sitemap.xmlにもしばらくは新旧URLを記載しておくと、クローラーが間違いなくページランクを引き継ぐ可能性が高い。リダイレクトのステイタスコードは、必ず301(恒久的な変更)を明示することが望ましい。

OGPの確認は実際のFacebookアカウントで行うことはもちろん、Facebook公式デバッガーも利用したい 図2 。特に内容を修正した場合は、本ツールを利用しないとキャッシュのクリアができないことがあるので注意が必要だ。

公開作業と公開のタイミング

最終確認が終了したら、いよいよWebサイトの公開だ。リニューアルなどでDNSを切り替える場合、公開のタイミングで切り替えると浸透時間が問題になるた

図1 Online Broken Link Checker
単機能で使いやすいリンクチェッカー。リンク切れは公開後にもう一度クロールタイプのリンクチェッカーで全リンクを確認しよう
https://www.brokenlinkcheck.com/

図2 Facebook公式デバッガー
イメージやテキストを変更した際には必ずこのツールでキャッシュをクリアする
https://developers.Facebook.com/tools/debug/

め、あらかじめDNSの切り替えを完了させていく必要が
ある。その際、TTL（Time to Live）を短くする、初期のみ
キャッシュクリアするような設定を行うなどできるだけ
早く切り替えるような工夫をしよう。特に「12日10時
からリニューアルキャンペーンを行う」などの場合には要
注意だ。

公開のタイミング

　公開のタイミングは金曜の夜などに行うとクリティカ
ルな問題が発生した場合の対応が難しくなるので、でき
るだけ週の前半、朝一番などに行いたい。

　リニューアルの場合は既存サイトを利用しているユー
ザーがいることを想定し、一般的にはサーバーメンテ
ナンス時間を予め告知し、サイトをいったん非公開にす
ることが望ましい。ECサイトでは段階的に買い物がで
きなくするなど、サービス利用中のお客様に迷惑をかけ
ない工夫が必要だ。

　また、どんなWebサイトでも「公開してから気づいた」
「本番環境ならではの問題」といった事態が起こること
が多い。そのことを肝に銘じて、公開後再度シナリオに
沿ったひと通りのテストを行うことは必須だ。

各チャネルでの告知とキャンペーン

　サイト公開のタイミングは、マーケティングの絶好の
チャンスだ。プレスリリースやソーシャルメディアでのシ
ェア、既存顧客メールリストからのお知らせメール送信
など、利用できるチャネルはすべて利用するとよい。興
味深いサービスなどの場合、プレスリリースをブロガー

やニュース配信サイトが記事にする場合もある。

　また、リニューアルのタイミングでキャンペーンを行
うとよい。サイトのリニューアルがデザイン変更や新機
能だけだと、実際はユーザーにとって来訪の動機付け
にはなりにくい。キャンペーンページにリスティングなど
の広告を出稿するのもよいだろう。

検索ログとSEO

　Webサイトが正しい動きをしているかの確認に、
Googleアナリティクスを利用する方法がある。Google
アナリティクスではリアルタイム計測が可能なため、実
際ユーザーの来訪が計測できているか、コンバージョン
は発生しているかどうか、リンク切れはないかどうか、意
図しないページに誘導されていないかなどを確認する
ことが可能だ。

　アクセス解析において、ユーザーが訪れているべきペ
ージが計測できない場合は設定が間違っていることも
考えられるので、アクセス解析の設定確認にもなる。

　自社や制作会社のアクセスを除外していないことを
確認の上、自身でいろいろな行動をして、反映されてい
るか確認してみるのもいいだろう 図3 。

　その次に、SEO運用ツールGoogle Search Console
の登録と確認、検索エンジンのクローラーの迅速な巡
回を手助けするsitemap.xmlの登録も必須だ。しばら
くはGoogle Search Consoleを毎日確認し、カバレッジ
の状況やサイトマップの送信状況、速度やモバイルユー
ザビリティに問題はないのか、検索パフォーマンスなど
を追っていくとよい 図4 。

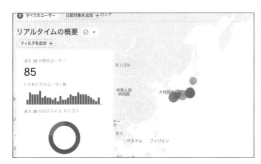

図3 Googleアナリティクス4 リアルタイムの概要
ユーザーのアクセスをリアルタイムにトレースできるので、公開直後の
チェックに最適だ
https://www.google.com/intl/ja_jp/analytics/

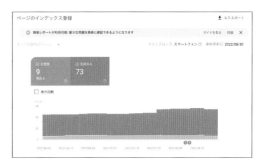

図4 Google Search Console
インデックス登録の状況を随時確認しよう
https://www.google.com/webmasters/tools/

Webサイトにおける検収

Webサイト制作での検収のあり方は難しい。システム開発であれば、ベンダー側の統合テスト完了後、機能が要件定義書を満たしているのかを確認する受け入れテストを行い、それにパスすると検収完了となる場合が多い。大型のWebサイトでシステム開発をともなうと、例えば1ヶ月前にベンダー側が統合テストを終え納品、1ヶ月の検収期間を経て、本番公開になる。

ただし、Webサイト公開まで検収を1ヶ月とるのは工数的にも機会損失的な意味でも現実的でない場合もあり、公開後に検収を行うようなケースが多い。

このように公開後に検収を行うとどうしても検収が疎かになることが多いが、これは発注元にとってもベンダーにとってもよいことではない。なぜなら検収期間後に発覚した仕様漏れや納品物漏れに、どのように対応するかは費用面など含めた問題になるケースが多々あるからだ。

そうした事態を避けるためにWebディレクターは検収がスムーズに終わるよう、下記のような点に気をつけよう。

- 検収時に発注元との考え方に大きな齟齬などが発覚しないよう、スケジュールにできるだけ多くの確認期間を設ける
- 検収期間が公開後1ヶ月のような場合にも、公開直前の確認期間は十分に取る
- 検収時には必要な要件を再度確認し、発注元の検収がスムーズに行われるようにサポートする

Webディレクターの仕事はサイトが無事公開して終わりではなく、検収が完了するまでがプロジェクトである。その点は肝に銘じよう。

発注元の立場での検収

発注元の立場から考えると、検収で確認すべきものは主に「要件定義書通りに機能が実現できているかどうか」だ。遅延が発生している機能を待たずしてWebサイトを先行公開した場合などは、ベンダーにその機能のリリース予定などを明確にしてもらおう。検収期間に指摘を挙げないと、納品物が検収済みと見なされ、仕様書に記載してある機能が漏れているにも関わらず、最悪その分の開発が有償になる場合もあるので注意したい。

案件がある程度の規模以上の場合やシステム開発を含む場合、発注元は、ベンダーが作成する「テスト仕様書」とは別に「受け入れテスト仕様書」を作成し、できれば社内の情報システム部門や実際の運用者など、関係者を集めてテストをするとよいだろう。

注意したいのは「受け入れテスト」はプログラムのバグやリンク切れなどの「問題点を洗い出すためのテスト」ではないことだ。これらの発見・修正は、契約した作業及び瑕疵担保責任においてベンダーが行うものだ。検収で多くの問題点が見つかった場合は検収を中止しベンダーに再テストを依頼するなどの必要がある。

また、サイト以外の納品物、画像の元データやマニュアルなどもしっかり揃っているか、精査しよう。

CHAPTER 5

運用・改善

サイトやサービスを公開したらプロジェクトのゴール（目的）が何だったのか、もう一度ふりかえろう。公開後も継続的に運用・解析・改善のサイクルを回していくことで、目的を達成できる。運用・改善を助けるツールやSNS運用についても解説する。

CHAPTER 5 01
社内での運用ルールと更新のマネジメント

Webサイトは公開がゴールではない。社内ディレクターにとって、ここからが終わりない運用の旅の始まりとなる。コンテンツの更新だけでなく、運営体制やサイトのメンテナンス方針などを確認しておこう。

滝川洋平

Webサイト運用の重要性

Webサイトがリリースされると、プロジェクトは制作フェーズから運用フェーズに移行する。

Webサイトのリリースは、これから長く続くことになる、「社内外の満足度を向上させる」ためのコミュニケーションの旅のスタート地点だ。

更新を行わなければユーザーに提供する価値は下がり、メンテナンスや継続的な改善を行わなければ陳腐化してしまう。つまり、Webサイトが成功するかどうかは、公開後の運用次第といって過言ではない。

作ったはいいが成果の上がらないサイトになってしまうといった事態を防ぐためにも、効果測定やサイトのメンテナンスなど、事前にルールを決めて円滑なサイト運用が実現できるようにしよう。

権限の委譲と自立的なスキーム作り

サービスサイトを始め、コーポレートサイトやキャンペーンサイトのような広告サイトなど、社内で複数のサイトを管理しなければならない場合は、通常時の更新すべてにWebディレクターが介するのは現実的ではない。負荷が大きすぎると、確認作業の重要性が相対的に低下してしまい、流れ作業となってしまいかねない。実務面においても、そのサイトが取り扱う商材やブランド、サービスの担当者が直接生活者に語りかけられる手段として、更新の権限を現場担当者に付与した方が、効果的に運用が行える。

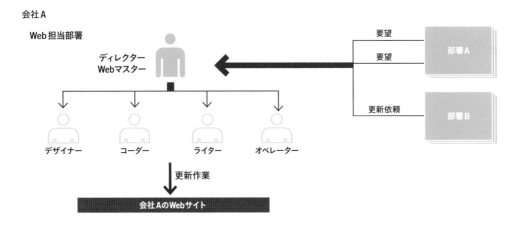

図1 社内でWebの担当部署が運用・更新を行う場合

自立的な運用スキームの構築

機動的で自走できる運用を可能にするためには、それぞれのWebセクションに対応する部署に適切な権限を置き、ある程度まで自分たちでWebの更新作業に関われるようにするのだ。

社内ディレクターは、こうした自立的なスキームを現場の担当者とともに育て上げていき、円滑に運用が行われるよう、システム面やトレーニング面で支援していこう。

2章の「企画」でも触れたが、運用、更新については事前に各担当者に十分なヒアリングを行い、更新の内容や規模、頻度などをあらかじめ想定して運用設計することが重要である（42ページ参照）。

扱っている商材は何か、実務内容は何か、どのようなコンテンツでコミュニケーションを行うのか。担当部署がCMSを使用して管理更新できるのか。他部署や社外との連携はどうするか。こうした要件を仕様に落とし込み、制作開発に入る前に要件を十分に検討し、実際に運用にあたるスタッフが納得し、意思を共有することが運用の肝となる。

このプロセスをおろそかにすると、うまくワークフローに対応できないスタッフのモチベーションが低下し、運用の停滞、さらにはディレクターにタスクが戻ってくるなど、全体の生産性低下へつながるので注意したい。

運営体制は企業の規模によってさまざまだ。成果物に求められるクオリティやスピード感、作業難易度によっても変化するので、企画の段階でどのようなスタイルがフィットするのかあらかじめ想定し、現場に合った運用体制を構築していこう。

Webの担当部署が運用・更新を行う場合

Webの管理担当部署が運用に関する作業を集約して行う体制は、組織の規模が大きくない場合や、全体的な更新の量やボリュームが少ない場合には機動性などの面でメリットが大きい。一方で、チームメンバーのスキルによって可能な作業が大きく変化するのがデメリットだ**図1**。

デザインの変更やプログラムをともなう更新、メンテナンスや保守は制作会社に依頼するケースが多い。

複数の部署が実務を行う場合

複数の部署や担当者が直接更新に関する作業を行いつつ、Webの管理担当部署がとりまとめて全体的な調整を受け持ち、イレギュラー対応を行うという体制は、全体的な更新の量やボリュームが多い場合や組織全体で運用するサイトが多く、またスピード感が求められる場合に有効だ。

商品情報などが頻繁に更新されるようなカタログサイトや、ECサイトなどを運営する組織に向いているが、既存のスキームから外れた更新など、作業規模が大きいものはWebの管理担当部署から制作会社に依頼する。この場合もメンテナンスや保守は制作会社に依頼するケースが一般的である**図2**。

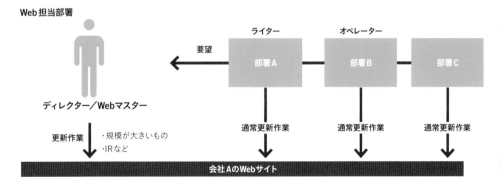

図2 それぞれの部署が更新を行う場合

運用保守を委託している制作会社に依頼する場合

Webの管理担当部署が複数の部署や担当者からの更新依頼を集約して、制作会社に更新依頼を行う体制は、更新のタイミングが定まっていたり、更新の量やボリュームが小さい場合に有効だ。

ブランドサイトなど、成果物に高いクオリティが求められる場合や、Webの担当部署を持たずに広報担当者や宣伝部などが管理する場合、またサイト運用を委託した制作会社や広告代理店からWeb担当者の常駐出向が行われている場合がこれにあたる。デメリットとして、社内に対応を行う人員がいないため、緊急の対応が発生した場合に困ることである **図3**。

Webサイト運営ガイド

運用フェーズに入る前にWebサイト運営ガイドラインを策定し、更新に携わる関係者で認識を共有することが重要だ。ガイドラインには、次のようなものがある。

①デザインガイドライン

基本的なデザインルールを記述したガイドライン。カラースキームやフォント、各要素の余白やマージンなど、複数の作業者が手を加えてもサイト内のトーンが統一できるように規定する（96ページ参照）。

②コーディングガイドライン

コーディング時に使われるガイドライン。SEOやユーザビリティに影響しないよう、HTML、CSS、JavaScriptなどの記述ルール、ファイル命名規則などを規定する。

③テキストガイドライン

サイトの表記ルールについて規定するガイドライン。担当者によって表現の揺れが起きないよう、文字の開きや禁則処理などの表記ルールを規定する。

また、Webサイトを運用する際は、その組織が責任を持って管理するサイトをすべて洗い出して把握しておくことが重要だ。その際にそれぞれのサイトのドメインやサーバーなどの契約内容をリストにしておこう **図4**。

いずれのケースにおいても、運用に関わるすべてのファクトを契約面と対応面でリスト化しておくことが後の助けとなる。緊急時の連絡先や依頼先が明確ならば、慌てず対応できる **図5**。

滞りない更新を実現するために

Webサイトの公開後、更新を円滑に進めて情報の鮮度を保ち続けるには、更新についてのマネジメントサイクルをうまく回していく必要がある。そのための運用体制やスケジュールは、企画や設計の時点で検討すべき

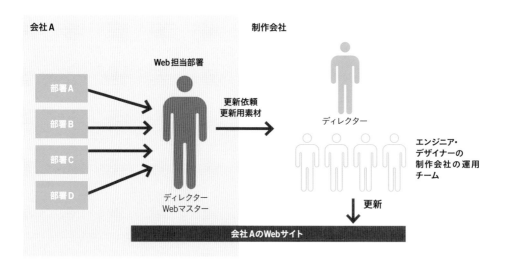

図3 運用保守を委託している制作会社に依頼する場合

事項である。

トラブルやクライシス対応のような偶発的で緊急性の高い更新を除いて、スケジュールに沿って対応できるように組織ぐるみでルールを作り、確認工程がおろそかにならない仕組みにしよう。

運用時にマネジメントする要素は大別してコンテンツ管理・リソース管理・予算管理の3つがある。更新時のマネジメントとして重点を置く必要があるものは、コンテンツ管理とリソース管理だ。

コンテンツ管理

Webサイトには、更新するべき新しいコンテンツが必須である。その内容は商品情報であったり、ニュースであったり、開示情報であったりとさまざまだが、長期間更新がない状態を作り出さないように、半年から一年といった長いスパンでコンテンツの企画・スケジューリングをして備えておこう。

そのために、日頃から社内の情報を汲み上げ、更新すべきコンテンツについての情報をWebの担当部署(担当者)が把握できるようインターナルコミュニケーションを活性化させていこう。

サーバー	・サーバー会社
	・契約期間
	・管理画面アクセス情報
	・構成
	・費用(月間/年間)
	・契約者名(保守を委託している協力会社)
ドメイン	・ドメイン名
	・契約期間
	・レジストラ
	・費用
	・管理画面アクセス情報
	・契約者名(保守を委託している協力会社)
SSL	・対象ドメインおよびサーバー
	・契約期間
	・認証局
	・費用(月間/年間)
	・管理画面アクセス情報
	・契約者名(保守を委託している協力会社)

図4 リスト化しておきたい運用情報
このリストはドメインやサーバーの更新時や担当者の異動などのタイミングで、情報の確認と更新を行うことを強くおすすめする

リソース管理

Web運用のチームに直接関わっていない社員たちにとっては、自分が持っている情報を誰に、どのように伝えたら、Webに載せて更新してもらえるのか把握していないのが当たり前という認識を持とう。

気軽に声を掛けられない規模や環境で有効なのが、申請書や更新依頼書といったドキュメントを用意して、紙ベースや電子ベースで担当者のもとに届けられるようにすることだ。

多少やり取りの往復は増えるが、スケジュール感覚や、緊急度、社内のニーズをヒアリングなしにまとめて汲み上げることができるうえ、誰でも提出できるような書面であれば、インターナルコミュニケーションも活性化し、新しい発見につながることもある。

【更新依頼書に盛り込む情報】
- 担当者／責任者
- 更新の概要
- 対象となる商品／サービス
- 更新希望日
- 使用可能素材／支給予定のデータ
- 該当するリリース(あれば)
- 備考(素材支給予定日、情報解禁日など)

こういった情報をもとにWeb担当部署と他部署とでやり取りを重ねていくことで、更新の意図や、担当者の想いを理解しやすくなり、よりよいWebサイト作りができるようになる。同時に、社内全体の年間での暦や繁忙期なども見えてくると、サイト更新のマネジメントがスケジュール面でもリソース面でも円滑に進むようになる。

コンテンツ・サイト名	化粧品ブランドA
オーナー部署	マーケティング1課
オーナー部署担当者	山田
オーナー部署緊急連絡先	03-XXXX-XXXX
更新担当部署	システム管理課
更新担当部署緊急連絡先	03-XXXX-XXXX
緊急時に社内対応可能	
社内で対応出来る範囲	ニュースコンテンツのテキスト
	エントリーエリアの画像の差しかえ
緊急時に社内対応不可	
担当制作会社	エムディエヌデザイン
制作会社担当ディレクター	石川
連絡先	03-XXXX-XXXX

図5 緊急時の対応可能範囲と連絡先リスト

CHAPTER 5
02
ヒューマンエラーの回避方法

十分なセキュリティ対策を施したWebサイトでも、顧客情報流出や機密漏洩などのセキュリティ事故は発生する。ヒューマンエラーを未然に防ぐ工夫や、もしものときの対応方針を準備しておくことが重要だ。

滝川洋平

セキュリティ事故の原因は内的要因

セキュリティ対策を行う前にまず認識しなければならないのが、顧客情報や機密情報の流出原因のおよそ80%が人的要因であるということである。

NPO日本ネットワークセキュリティ協会の調査では、不正アクセスやプログラムのバグなどによる、システムに起因する情報流出は全体の22%程度であるという調査結果がある 図1。

Webサイトにおいてセキュリティ対策を行うことは当然だが、最大のセキュリティホールは人的要因であるということを踏まえて、運用設計を行っていく必要がある。

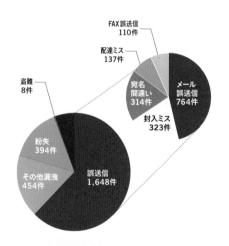

図1 主な漏えい原因
https://privacymark.jp/system/reference/
出典：一般財団法人日本情報経済社会推進協会プライバシーマーク
推進センター「2020年度「個人情報の取扱いにおける事故報告集計
結果」」

情報漏洩を未然に防ぐための仕組み作り

自分の組織や担当しているクライアントがPマーク（プライバシーマーク）やISMS（情報セキュリティマネジメントシステム）などの情報セキュリティ認証を受けている場合は、それらの基準を満たした設計を行えばよいが、センシティブな情報を扱うWebサイトの運用設計を行う場合は、取り扱う情報の種類を精査するところから始めよう。

データの安全性は、そこへアクセスできる人員やアクセス可能な環境に制限を設けることで対処できるが、それによって自縄自縛（じじょうじばく）となってしまうケースもよく見られる。必要な対策や施策を通常業務とよく照らし合わせてセキュリティポリシーを策定しよう。

ヒューマンエラーを防ぐための対策

情報の持ち去りや、外部記憶媒体の紛失による情報漏洩が問題になっている。これらの漏洩は、セキュリティポリシーに則って、かかわる人員一人ひとりのリテラシー向上が達成されなければ防げない。

一方で、Webサイト上に不適切な情報を掲載することで被る損害のリスクは、仕組み作りによって軽減することができる。次の流れを運用設計の段階に考慮してみてほしい。

管理画面を使い適切なロール設計を行う

ヒューマンエラーは、チェックがおろそかなときに決まって起こる。テスト投稿が公開されてしまった程度ならばまだよいが、決算発表の情報がフライングで公開

されてしまった場合には、社会的な評価を著しく下げるばかりか、炎上するリスクもある。

　もっとも現実的な対処策としては、運用の管理画面上のロール（権限）設定において、制作者と承認者の権限を分離することだ **図2**。承認者や公開管理者が確認するというクッションを設けることで、公開・非公開のリスクについては大幅に軽減できる。人間がミスしないことを前提にした運用は、必ず破綻することを心に留めておこう。

クライシス対応

　情報漏洩を起こしたりWebに起因するトラブルに限らず、企業や団体が何らかの不祥事を起こした場合、その企業や団体の顔であるWebサイトが消費者やマスコミから求められる役割は、経緯や状況の誠実な説明と再発防止策などを含めた今後の対応である。

　そういった状況はもちろんあってはならないことだが、いざというときに「悪手」を打たないためにも、平時から危機管理マニュアルを作成してリスクに備えておこう。

　そして、いざそうした問題に対処しなければならないときには、組織として対処するためのポジションペーパーを作成し、関係一同で認識を共有しよう。ポジションペーパーとは、事実確認や統一見解などを共有するために配布する社内文書で、広報の分野では馴染みの

ある言葉だ。

ポジションペーパーを作成するメリット

- 関係者をはじめ、第三者にも正しい論点で事実関係を説明できるようになる
- 相手側からの一方的な主張に対処できる
- 事実関係についての情報のバランス化を図る
- マスコミをはじめ、誰に対しても統一した見解を提示できる

ポジションペーパーの構成内容

①判明事実　何が起こったのか、事実を伝える

②経過　　　事実が判明したのち、現在までに何が起きているのか、起きたのか

③対応策　　発生した事実に対して、組織として行う行動の説明

④原因　　　事象が起きる原因の説明

⑤見解　　　組織としての見解を表明
　　　　　　調査中ということも、進展がないのも情報のひとつ

　ポジションペーパーを作成するのはWebディレクターではないかもしれない。しかしWebディレクターが情報公開の最前線に立つひとりになるであろうことは想像に難くない。

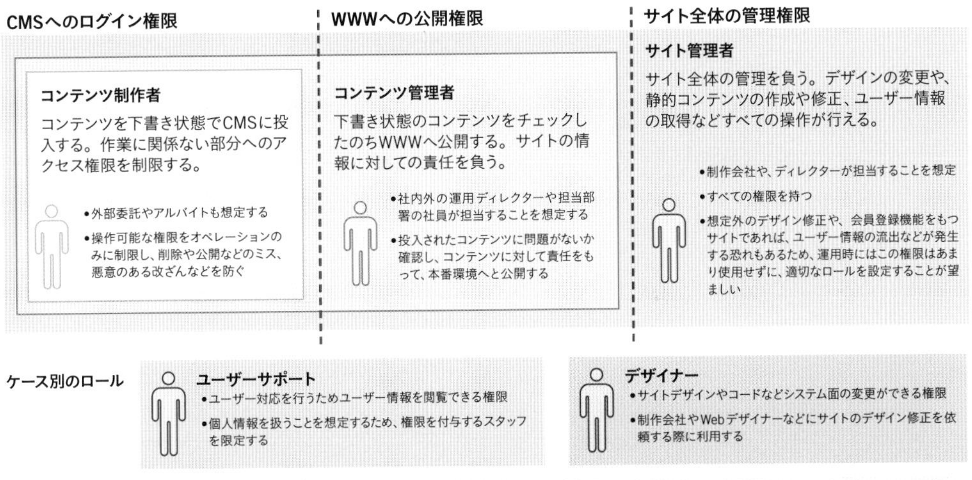

CMSへのログイン権限

コンテンツ制作者
コンテンツを下書き状態でCMSに投入する。作業に関係ない部分へのアクセス権限を制限する。

- 外部委託やアルバイトも想定する
- 操作可能な権限をオペレーションのみに制限し、削除や公開などのミス、悪意のある改ざんなどを防ぐ

WWWへの公開権限

コンテンツ管理者
下書き状態のコンテンツをチェックしたのちWWWへ公開する。サイトの情報に対しての責任を負う。

- 社内外の運用ディレクターや担当部署の社員が担当することを想定する
- 投入されたコンテンツに問題がないか確認し、コンテンツに対して責任をもって、本番環境へと公開する

サイト全体の管理権限

サイト管理者
サイト全体の管理を負う。デザインの変更や、静的コンテンツの作成や修正、ユーザー情報の取得などすべての操作が行える。

- 制作会社や、ディレクターが担当することを想定
- すべての権限を持つ
- 想定外のデザイン修正や、会員登録機能をもつサイトであれば、ユーザー情報の流出などが発生する恐れもあるため、運用時にはこの権限はあまり使用せずに、適切なロールを設定することが望ましい

ケース別のロール

ユーザーサポート
- ユーザー対応を行うためユーザー情報を閲覧できる権限
- 個人情報を扱うことを想定するため、権限を付与するスタッフを限定する

デザイナー
- サイトデザインやコードなどシステム面の変更ができる権限
- 制作会社やWebデザイナーなどにサイトのデザイン修正を依頼する際に利用する

図2 セキュリティロール
本番環境に反映できる権限を持つ者が内容のチェック及び校正を行ったうえで承認する。
コンテンツやニュースが制作者以外のチェックを受けないまま公開されてしまうのを防ぐため、ルールを設けよう

03 属人化の回避と
マニュアル作成

運用設計を行う上で重要になるのが、運用リソースの中で「誰が対応するのか」だ。そこで見落とされがちなのが運用体制のバックアップである。Webサイトが滞らないようにするために、用意しておこう。

滝川洋平

マニュアル化してブラックボックス化を避ける

　Webサイトを公開したらその後の更新は滞りなく行うことが求められる。しかし運用担当者にタスクが偏ると、本人がボトルネック化してしまいかねない。

　この問題の本質は、更新手順や仕様などのノウハウが1人の担当者に集約してしまい、業務が属人化することにある。運用プロセスが属人化する原因はさまざまあり、解消するためには絡まり合った糸をほぐすように少しずつ要因を取り除いていく必要がある。

運用プロセスが属人化することの弊害

　まず、運用プロセスが属人化するメリットは存在しない。現場の担当者は休暇が取りづらくなり、疲弊していき、運用チームが「ブラック化」してしまう。こうした状況を放置すると、長期的には運用体制が崩壊することにもつながりかねない。

　ゆえに運用負荷の偏りが見られたら、なるべく早い段階で是正すると同時に、そういった状況に陥らないためにも運用プロセスを二重化したりマニュアル化してチームで運用する体制を構築したりと、更新プロセスをブラックボックスにしないようにしたい。

　つまり「自分」も含めてひとりでがんばるWeb担当者を生み出さないことが大切だ。

業務を具体的に手順化する

　一方で、運用の現場では、「そんな人員に余裕はない」という声のほうが多いのも事実だ。そこで求められ

ハードウェア面

更新に必要なアプリケーションがインストールされているマシンが限られていたり、管理画面やサーバに接続できる環境が限られている場合

管理画面

管理画面における操作が複雑で、代理での操作や更新が容易に行えない場合

連絡窓口面

制作会社とクライアントの窓口同士の関係性が高まり、いわゆる「阿吽の呼吸」ができてしまった場合。異動や退職などで影響を受けやすいので一番危険

レギュレーション面

・てにをは
・文字の開き
・????

文言の表記方針や、コンテンツの掲載基準などの、サイトコンテンツのレギュレーションが明文化されていない場合

図1 属人化の傾向と危険性

る解決策は、「担当者じゃなくても回る」ようにすること、つまり属人化しない仕事の回し方である**図1**。

更新マニュアルを作る

具体的には更新時のマニュアルを作成してWeb運用の主管セクション内で共有することだ。

ここで指すマニュアルとは、前々節・前節で触れた運用ポリシーではなく、実作業や実働に関するより細かい実務的なマニュアルのことである。

管理画面にログインする方法や、どういった作業を行って、どのような確認のプロセスを経て公開するといったことを具体的な手順に落とし込んだ手順書（マニュアル）を作成し、テスト環境などで更新作業の練習を行えるようにしておく**図2**。

そういった環境を用意することで、直接Webの更新を担当するスタッフでなくとも、マニュアルを確認しつつ最低限の対応ができるようになるだろう。

普段運用している人間のワークフローは抽象度が高い。そのため、誰が読んでも対応できるようなマニュアルを作成するのは面倒な作業になるだろう。

しかし、あらかじめ言語化されていない作業までを網羅したマニュアルを用意できれば、ディレクターを含めた担当者が急病や事故などで欠けたときや、異動や退職などによる引き継ぎが発生した際に更新を滞らせないためのバックアップとなる。

さらに、引き継ぎ時のコミュニケーションコストを減らすことも望めるだろう。

図2 更新用マニュアルの作成
担当者以外でも最低限の対応ができるような情報を準備しよう

COLUMN

保守の費用はどうするか？

保守契約の範囲

社内で運用更新を行う場合でも、制作会社に委託を行う場合でも、実際に運用フェーズに入る前にしっかり話し合うべきなのが保守についてである。

一般的には定額保守として、サーバーサイドのトラブルの面倒を見てもらうような契約にすることが多いのだが、定額保守の範囲を超えた工数の作業が発生したときにどうするのかを定めておかないと、のちのちのトラブルの火種となる。

アップデートに関わる不具合

ミドルウェアのアップデートやサーバーOSのセキュリティパッチ適用など、重要性は高いものの、成果物として目に見えないものである場合に、そういったトラブルは発生しやすい**図1**。

あらかじめ、そういった対処の費用を積み立てておく形で保守費用を請求したり、大きめの改修の際に合わせて行うなど、クライアント側と制作会社側で認識を同じにしておくことが大切だ。また、ミドルウェアのアップデートやセキュリティアップグレードによって仕様が変更され、バグが引き起こされることもあるので、そういった場合の瑕疵対応についてもリリース前に話し合っておこう。

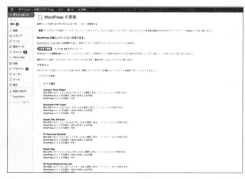

図1 アップデートによる不具合も発生しやすい

04 更新時にノーコードツールを使う

運用作業を軽減したり、ちょっとしたビジネスアプリケーションやWebサイトを作成する際に役立つノーコードツール。 うまく活用すると、コストや工数を抑えられるこれらのツールのメリットを理解しよう。

滝川洋平

内製が実現できる？ ノーコードツール

管理しているWebサイトにお問い合わせフォームやFAQを追加したり、ECカートを用意したりする場合、今までは少なくない工数と時間を要していた。要件に合ったパッケージなどを選定し、エンジニアやデザイナーを稼働してフロントエンドとバックエンドの構築を行い、リリースに向けて設定を行う必要があった。

しかし近年、ソースコードの記述をせずにWebアプリケーションの開発やWebサイトの制作が行えるサービスが隆盛してきている。これらのサービスはソースコードの記述が不要なため、エンジニアでなくてもWebサービスの開発が可能である。デザイン面でもあらかじめテンプレートが用意されており、そこにロゴや画像を追加するだけでそれなりの見た目を用意できる。そのため制作会社に依頼せず、直接サービスを契約してコストを抑え、スモールスタートやテストが行えるようになることが期待されている。

古くて新しいノーコードツール

このような「GUIの画面操作のみで、機能が充実したWebアプリを作ることができるサービスの総称」をノーコードツールと言う。2019年頃からよく聞かれるようになったものの、このような要件を満たしたSaas (Software as a Service)は以前から存在する。ECカートであれば、BASEや、STORES.jp は2012年から提供されているし、Webサイト制作サービスであればWixやJimdoが2007年ごろから提供されてはいる。しかしクラウド技術の発展やUI利便性が充実したことで、ついに本来のポテンシャルが活かせるようになった今、制作サイドも発注サイドも注目しておきたい分野になっている。

ノーコードとは言っても…

実際に、これらのサービスを使用して制作を行うには、コードは書かないものの、システムやアプリケーシ

図1 Studio
STUDIO株式会社が提供するWebサイト作成サービス。柔軟なデザインとCMS機能でチームでの制作ができる
https://studio.design/

図2 Ameba Ownd
サイバーエージェントが提供するホームページ作成サービス。amebaサービスとの親和性が高い
https://www.amebaownd.com/

ョン開発の知識はないよりはあった方がよいのが現実だ。特に要件を整理して業務フローに落とし込んでから制作を行わないと、思っていたものと違うものができ上がってしまうだろう。また、デザインについても同様にあらかじめ明確な完成形を持たずに制作してしまうと、それなりのものになってしまいがちである点は理解しておこう。

用途・分野別のノーコードツール

さまざまなノーコードツールが各社から提供されているが、多くの分野があり、特色も異なるため、自分達が達成したいことを明確にしたうえでサービスを調査することをおすすめする。ここでは代表的なノーコードツールを紹介するので参考にしてほしい 図1 ～ 図8 。

図3 Shopify
カナダの企業によるeコマースプラットフォーム。有料プランのみの提供だが豊富な機能を持つ
https://www.shopify.com/

図4 stripe
決済機能に特化したサービス。カート機能は別途用意が必要だが単品販売ならば容易に設置可能だ
https://stripe.com/jp

図5 Kintones
サイボウズ株式会社による業務アプリ構築クラウドサービス。社内ツールなどの作成に適したテンプレートが用意されている
https://kintone.cybozu.co.jp/

図6 Power Apps
Microsoftが提供するビジネスアプリケーション作成ツール。Officeアプリと親和性が高い
https://powerapps.microsoft.com/ja-jp/

図7 Zendesk
クラウド型カスタマーサービスプラットフォーム。FAQサイトや顧客サポートサイトなどの構築に適している
https://www.zendesk.co.jp/

図8 mailchimp
老舗のサービスもノーコードに。メール広告サービスの自動化プラットフォーム
https://mailchimp.com/

CHAPTER 5
05 企業SNSアカウントの 運用方法

近時のWebディレクターは、SNSアカウントの運用も合わせて行うことが多くなってきた。ここではアカウントの運用に関して、基礎的な知識を解説する。

タナカミノル(株式会社ピクルス)

アカウント運用のゴール

SNSの運用は、想像以上にやるべき業務が多いので、何のために行っているかを常に意識しなくてはならない。SNSは、自社のファンを作り出す場と考え、最終のゴールは「ファンを作り、そのファンが継続的に自社を利用してくれる」と考えるとよい。

このゴールを達成するためには、SNSの種類にかかわらず、以下の3つを投稿ポリシーとしよう。

- フォロワーに「必ず有益になること」を届ける。
- 専門的な「自社だからこそ知り得る見立てや情報」を届ける
- フォロワーが「楽しい」と感じる時間を提供する

筆者としては、Googleの品質評価ガイドラインの「E-A-T」に準拠した運用をオススメする。「E-A-T」的な投稿や運用をすれば自然とファンを作り出すアカウントとなる **図1** 。

運用ガイドライン

運用するSNSに合わせて「運用ガイドライン」の策定が必要になる。ガイドラインには主に次の3つが含まれている必要がある。

① 運用目的:何のために運用しているのか
② 投稿ルール:投稿内容、言葉使い、投稿してはいけないこと
③ ユーザーへの対応:@などで送られてきたメッセージへの対応指針

E-A-Tとは?

Expertise (専門性)	Authoritativeness (権威性)	Trustworthiness (信頼性)

知識や経験・スキルを持っているか　　専門家として一般に認められている　　信用するに足るものか

図1 E-A-Tとは
E-A-Tとは「Expertise（専門性）」「Authoritativeness（権威性）」「Trustworthiness（信頼性）」の3つの概念の略。Googleの品質評価ガイドラインでは、E-A-Tを備えたページは高品質だとされており、重視されている

①はゴール達成のために、ユーザーに何を届けるべきかを考えて策定する。売り上げアップなどは最終ゴールなので、ここでは目的にするべきではない。

②と③は、炎上対策と考えるとよい。投稿内容や文章の印象によっては、ユーザーが不快に感じることがあり、不快に思った人は必ず悪口を言うと思ってよいだろう。いろいろな自主規制を行っているテレビでさえ、SNSの存在で最近は炎上が絶えない。SNS投稿においては、すべての消費者のことを考えていく必要がある。また③については対応を誤ると即炎上となるので、むしろ対応しないと決めたら、その旨をプロフィールなどに記載して一切答えないという方針もある。

各SNSにおける運用

それぞれのSNSの特徴 **図2** と、運用ポイントをまとめた。

Facebook

企業側は、Facebookページを作成して運用する。年代は20代以降。コアは30〜40代。男女比率は男性がやや多い。日本でのアクティブユーザーは約2,600万人。ビジネス系の人は、ほとんどやっているSNS。リアルな知人友人の第2プレイスと捉えるとよい。

投稿内容
製品やサービスの紹介・関連情報のニュース・会社の取り組みやニュース・スタッフの紹介・コラム・Tips動画。

投稿のポイント
フランクな語りかけは避けるべき。顧客ファーストなコンシェルジュの気持ちでユーザーには接しよう。写真投稿をする場合は、複数投稿を行ったほうがよい。コラム的な投稿は、有益な情報や、共感を得られるとシェアされやすい。投稿はすべて広告出稿も同時に行う必要がある。オーガニックでは、ほとんど目に触れない状況にある。

フォロワーの獲得方法
Facebook広告が主。1ユーザー100円程度を考えるとよい。Facebookはすでに広告媒体の一角を成していると考えると、通常広告よりフォロワー獲得を主にしたほうがお得かもしれない。

Twitter

公式の発表では、日本でのアクティブユーザーは約4,500万人。若年層からシニア層まで幅広い人がいる。匿名性が高く自由な発言ができる。運用としては、一番敷居が低く、はじめやすい。リツイートを利用してユーザーの声の紹介ができるのも、よい点。また「ハッシュタグキャンペーン」や「リツイートキャンペーン」で安価にフォロワー獲得できるのも魅力だ。

投稿内容
自社ならではの有益な情報・リツイートでユーザーの声・キャンペーン紹介・クーポン配布など。

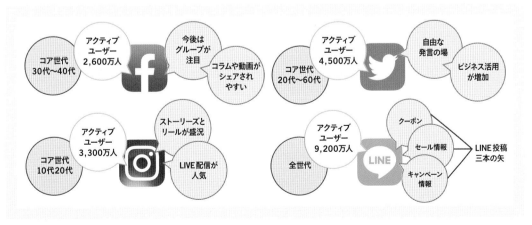

図2 主要4SNSの特徴
それぞれのSNSの特徴に合わせた運用を行うべき

投稿のポイント

専門性が高い投稿のほうが、シェアやいいね！されやすい。企業が持っている専門的な知見を多く投稿しよう。普段目に触れないような動画コンテンツも人気がある。意外に思われるかもしれないが、工場やバックエンドの動画は人気が高い。また投稿文は個人を感じさせる形にしたほうが好まれる。

フォロワーの獲得方法

Twitter広告、Twitterキャンペーン、ニュースサイトやテレビなどのメディアで取り上げられると、幅広くフォローーされる。

Instagram

日本でのアクティブユーザー数は3,300万人。男女比率は女性がやや多い。10〜20代を中心に60代まで幅広くユーザーがいる。写真や動画投稿も大事だが、ストーリーズ投稿も行う必要がある。フォロワーが多ければLIVE配信も有効的な手段。どちらにしろ、SNS運用で一番コストも時間もかかるので、開設前にやるかやらないかをよく検討すべき。運用開始の際は、必ずビジネスアカウントに切り替える。

投稿内容

製品やサービスの写真や動画・ユーザー写真のリポスト（再投稿）。

投稿のポイント

「ここでしか見られない」的なものを投稿するのがよい。ユーザーが保存したくなる投稿を心がける。クオリティは重要なため、ストーリーズも手を抜かないように。関連ハッシュタグの付けすぎには注意が必要。悪印象になる可能性がある。契約タレントがいる場合は、オフショットなど投稿すると反応がよい。また、タレントの公式アカウントでも積極的に紹介してもらい誘導を図ろう。ユーザー写真のリグラムも積極的に行い、表彰の場にするのもよい。

フォロワーの獲得方法

Instagram広告。ほかのSNSからの誘導。写真投稿キャンペーン。契約タレント（インフルエンサー）からの誘導。公式サイトのアクセスが多いのであれば、有料ウィジェットを設置しての誘導が、コンスタントにフォロワーが獲得でき低コスト。

LINE

事実上インフラになっている日本で一番利用ユーザーが多いSNS。アクティブユーザーは、9,200万人を超える。年代もすべてを網羅。チャットコミュニケーションから派生した点で、即時にユーザーにメッセージが配信され、開封率もほかのSNSに比べて非常に高いのがメリット。アカウントのフォロワー同士の交流は、ほぼ行われない。アカウントから直接コンバージョンさ

COLUMN

アカウントは安易に開設するべからず

SNSは今後のマーケティング活動として必須といわれている反面、運用コストが高く、費用対効果がわかりづらい。そして投稿内容のネタが切れても、フォロワーが多少でもいるとやめづらい。簡単にいうと「走り出したら止まれない」のだ。

何年も更新されてないアカウントは、フォロワーや検索で来た人からすれば、「適当な会社なんだなー」と思われてしまう 図1 。運用をはじめるなら、最低1年の予算は確保して、KPI達成ができなかったらアカウントを削除する覚悟で臨んでほしい。

> このアカウント
> 何年も更新
> してないじゃねーか。
> 適当な会社だな…。

図1 停止したアカウント
悪印象を与えるくらいならば、アカウントを削除したほうがいい

せることができるので、ECなどの直売をしている商材なら、どの商材でも効果が見込める。また、クーポン配布など行えば、利用率が高く購買誘導がしやすい。

LINEのアカウントは、LINE for Businessから公式アカウントを作成して運用する。無償から利用できるが月1,000通が上限なので、通常は有償で利用する形となる。一定の運用をするならば費用がかかってくる。料金に応じてできることのランクがあり。

投稿内容

クーポン・セール情報・キャンペーン情報。

投稿のポイント

生活に密着しているのと、即時性が高いので、お得情報がメインとなる。「クーポン」「セール情報」「キャンペーン情報」の三本の矢で攻め立てるのがよいであろう。

フォロワーの獲得方法

LINEのフォロワー獲得は、お金をかければかけただけ確実に獲得できると考えればよい。広告施策に費用をかけられないのであれば、店頭やオンライン決済が行われるショップサイトなどからの誘導が一番効果がある。フォロワーになるだけでクーポンが入手でき、その場で割引きになるのであれば、フォローしてしまうものだ。

図3 に主な運用ツールを挙げた。参考としてほしい。

Hootsuite	URL	https://hootsuite.com/ja/
	対応SNS	Twitter、Facebook、Instagram、その他
	機能	投稿管理、解析
	料金	5,000円/月〜(Professional)
	特徴	機能や対応SNSも多く、何を導入するか迷っているなら先ずはこちらがおすすめ。
Buffer	URL	https://buffer.com/
	対応SNS	Twitter、Facebook、Instagram
	機能	投稿管理、解析
	料金	10ドル/月〜(Team)
	特徴	Instagram運用に優れたツール。分析も細かくできる。
ZOHO Social	URL	https://www.zoho.com/jp/social/
	対応SNS	Twitter、Facebook、Instagram、LinkedIn、その他
	機能	投稿管理、解析
	料金	1,200円/月〜(スタンダード)
	特徴	インド製。高機能かつ安価。

Beluga	URL	https://beluga.uniquevision.co.jp/
	対応SNS	Twitter、Facebook、Instagram、その他
	機能	投稿管理、解析
	料金	初期費用10万円、2万円/月額
	特徴	月額18万円〜でキャンペーンの実施も可能
コムニコマーケティングスイート	URL	https://products.comnico.jp/cms/jp/
	対応SNS	Twitter、Facebook、Instagram
	機能	投稿管理、解析
	料金	初期費用10万円、5万円/月額
	特徴	投稿管理に優れている。Instagramのコメント返信がツール上から可能。
Social Insight	URL	http://social.userlocal.jp/
	対応SNS	Twitter、Facebook、その他
	機能	投稿管理、解析
	料金	要問い合わせ
	特徴	国内では最大シェアを誇っている、解析に特化したツール。

図3 SNSの運用ツール
運用のコスト削減と、解析が可能なツールをいくつか紹介する

CHAPTER 5
06
動画マーケティングの基礎

昨今の動画マーケティングは打ち手として活用が増えてきて、Webディレクターが動画制作なども担当することが多くなってきた。ここでは基礎的な知識をお伝えする。

動画マーケティングの必要性

現在のWebサイトでは動画も多く利用されており、その一環でWebディレクターが動画制作の指揮をとることも多くなった。多くのユーザーに恒常的な接点を持つ動画チャネルも多くなり、マーケティングにおいては動画を無視できない状況となってきている。

マーケティングにおいて「短時間で商材のよさを理解をしてもらい、購買(利用)につなげる」というのは、目指すべきゴールだが、動画は、冒頭で興味を作り、ストーリー性を持って短時間で内容を理解させることがしやすいので、このゴールを達成しやすいフォーマットと言える。

各チャネル内でコンバージョンまでつなげることも可能なので、商品やサービスによっては、動画のみで完結することが今後は増えていくだろう。筆者は、Webディ

レクターも動画マーケティングにより積極的に関わって、キャリアを構築してほしいと考えている。

動画は、主に「プロモーション」、「コンバージョン(購入・利用)」、「利用継続」の3つの目的で使われてる。動画広告は認知・興味関心などに強いとされるが、読むストレスがないことから、解説動画などで理解や利用継続などの場面でも活用される。動画マーケティングのフローを大まかにまとめたので見ていただきたい **図1**。

3つの動画種別

いろいろな分類法があるが、ここではフォーマットとして3つに分類して紹介する。それぞれのフォーマットを分けて認識することで、動画を活用する場合にどういった内容で、どこのチャネルを利用するとよいかが明確になりやすいので押さえておこう。

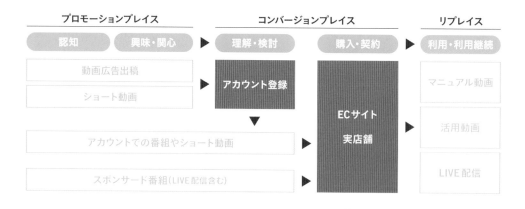

図1 動画マーケティングのフロー

160   CHAPTER 5　運用・改善

番組型動画

番組型は、YouTubeチャンネルに代表されるように、テレビ的な番組フォーマットを用いた形式だ。主たるタレント（発信者）がいて、そのタレントが情報を伝える係を担う形式になっている。

例えばYouTuberは、自身への好感や興味を引き立て収益を上げるためにコンテンツを提供するので、自身を主役とした番組内容が多くなる。企業チャンネルでも、基本的には企業側の配信者を主役として、自社が持っている独自の知見などを発信する形が多い。

番組型の動画を制作するためには一定のコストや時間がかかるため、短期で取り組むのはハードルが高い。

ショート動画

縦型で10秒〜1分程度の動画のこと。TikTokに代表されるようなごく短い動画だ。

視聴者にとって有益な情報をポイントをかいつまんで伝える動画として向いている。タイトルや冒頭5秒で視聴者に興味を持ってもらい、ギフトとして有益な知見を伝えるような組み立てにすることで、技術的にもコスト的にも動画参入へのハードルを下げることができる。

また、タレントがいなくても成立する。

LIVE動画

基本的にはタレントが主体の生配信動画だ。

タレント自体に興味を持っているユーザーが視聴することがほとんどのため、一定数のフォロワーなどを持っている状態で行うのがよい。

マーケティング的にはLIVEコマースなどの活用もあるが、タレント力が成果の良し悪しに反映されやすい。

主なチャネル

動画を配信する先の主なチャネルは、YouTube、TikTok、Instagram、Twitterの4つである（ほかにも配信できるチャネルや広告ネットワークは多数ある）。これの特徴について以下に紹介する。**図2** も参考にしてほしい。

YouTube

すでにテレビに匹敵するメディアと言っても過言ではない動画共有サイト。

総務省の調査によれば、全世代を通して80％近くのユーザーが利用しており、子供から高齢者まで、すべての年代にリーチできる最もスタンダードな動画プラットフォームとなっている。マーケティングにおいては、タ

	アカウント運用	インフルエンサーマーケティング	広告出稿
YouTube	チャンネルでの番組	番組へのスポンサード	インストリーム広告
	縦型ショート動画	LIVE配信へのスポンサード	バンパー広告
TikTok	縦型ショート動画	インフルエンサアサイン	ハッシュタグチャレンジ
		LIVE配信へのスポンサード	インフィード広告
Instagram	フィード	フィード・ストーリー・リールへの投稿	フィード広告
	ストーリー（ショート動画）		ストーリー広告
	リール（ショート動画）	LIVE配信へのスポンサード	リール広告
Twitter	ツイート		プロモーション広告

図2 動画マーケティングの主要な4チャネル

ーゲットを定めた「チャンネル」を作成して運用するのが一般的になっている。

テレビCMのように、ほかの動画の冒頭や間に挟んで配信できる動画広告も出稿しやすくなっており、認知をとっていく際に活用することが多い。

配信方法

チャンネル配信、ショート動画（縦型動画）、LIVE配信

主な広告出稿

- インストリーム広告：動画の冒頭や途中にCM的に流れる動画広告。スキップ不可にもできる。
- バンパー広告：6秒のスキップ不可の動画広告
- YouTuber（チャンネル）へのスポンサード：インフルエンサーマーケティングとしてチャンネルとコラボで番組を作成して配信する。

TikTok

縦型ショート動画の普及のきっかけを作った動画SNS。

元々は音楽に合わせたダンス動画が中心だったが、口パク・顔芸・アニメ・AR・化粧など、音に合っておもしろければ何でもありで、さまざまな動画が増えていった。そこから派生し、現在は、チュートリアル・知識系などの動画が投稿され人気を得ている。

10代の約半数が利用しており、若年層向けの商材のマーケティングにおいては外せないチャネル。

配信方法

ショート動画（縦型動画）、LIVE配信

主な広告出稿

- インフィード広告：CM的に流れる動画広告。
- ハッシュタグチャレンジ：UGC的にユーザーに動画を作ってもらう広告方式。インフルエンサーマーケティングとしてTikTokcrとタイアップをして行う場合がほとんど。

Instagram

写真投稿SNSとしてはじまったが、現在では動画投稿も多くされている。通常の動画投稿のほか、24時間で消えるストーリー、TikTokによく似たリール、LIVE配信と、動画配信形態も多様になっており、目的に合わせて使い分ける必要があるだろう。

20代、30代の約半数が利用しているプラットフォームであり、特に女性の利用が多いため、多くの企業がマーケティング目的としてアカウントを開設しており、動画広告も多く出稿している。

配信方法

フィード投稿、ストーリー（15秒縦型動画、24時間で消える）、リール（最大60秒縦型動画、消えない）、LIVE配信

主な広告出稿

- フィード、ストーリー、リールへ広告出稿が可能。インフルエンサーマーケティングとしての動画配信も可能

Twitter

基本的には、動画に特化した配信方法はないので通

動画マーケティングの主流はショート動画に

動画の世界は、TikTok以前と以後で大きく変わってしまった。あまり言われてないが、TikTokは動画で何かを伝えるには「ショート動画でこと足りる」ことを証明した。これを読んでいる人も、YouTubeを早送りしたり、縦型動画を次々スワイプするなど多用しているだろう。

人間はそもそも短時間しか集中力が続かなく、興味がある部分しか見ない。興味が無くなった時点で、次の興味の発見のための行動をする。

脳は、集中力が発揮され情報処理を多く行っている

ときにアドレナリンが出る状態を好む。ショート動画は、その状態を作り出すフォーマットとなっている。気づいたらショート動画を1時間見ていたといったことが起こるのもフォーマットのためであり、意識的に自制しない限り、延々と見てしまうフォーマットなのだ。

SNSは、ユーザーの時間の奪い合いをしているため、他のSNSもTikTokと同様の縦型ショート動画のフォーマットを取り入れた。この流れは、元には戻らないであろう。

常投稿での動画配信となるが、アクティブなユーザーが多く即時性が高いので、ショート動画などの投稿は大きなバズを生み出すことがある。

Instagramと同様に20代、30代の半数近くが利用するため、動画の広告出稿先として多く活用されている。

配信方法

ツイート

主な広告出稿

- プロモ広告

動画制作について

動画の制作は、外部の協力会社（個人含む）に依頼するか、自社で対応するかのどちらかになるが、進行管理についてはディレクターが対応することなる。

基本的にはWebサイト制作の進行管理とほとんど同じなので安心してほしい。企画立案→シナリオ作成→絵コンテ作成→撮影→編集→公開の流れをスケジュールに落とし、各担当者の確認を取りながら進めていく。

企画立案

番組型にしろ、ショート動画にしろ、視聴者にメリットがあることを伝える企画にする必要がある。

マーケティング的なゴールは何かしらの獲得が目標になってしまうのだが、テイカー的な発想で考えると失敗しやすいので、視聴者に喜んでもらえるギフトを贈るような気持ちで、企画を考えよう。

かといって、めちゃくちゃ有益な情報提供を目指してしまうと、企画立案ができなくなってしまうのでおすすめしない。どんな情報も、知らない人にとっては有益だ。よく知っている人ではなく詳しく知らない人をターゲットに企画を考えよう。

動画の構成について

番組型は難易度も高いので、ここではショート動画の構成を解説する。ショート動画では「要約パート→本題パート→誘導パート」のワンパターンを使おう。

要約パート

興味を持ってもらうためのパートで、一番重要なパー

トとも言える。導入部分でタイトルとして「○○を解決する方法」「○○が驚きのエピソード3選」など、興味を作りつつ、本題も伝えるものとする。Webディレクター的にはSEOを踏まえた見出しを作る感覚で取り組むとよい。

また映像として新規性が高い映像（驚きの映像）などが素材として用意できるのであれば、部分的にそれを見せることで強い興味を作り出すこともできる。

本題パート

解説的な内容を伝える。ナレーション的に台本（スクリプト）を起こし、30秒以下の内容としてまとめる。これはLPの構成作成とかなり近い。視聴者が課題に思っていることや、興味が持てる知見的なことを先に伝え、それを解決する形の内容を伝える。商材のよさやメリットは解決する内容として伝える。

誘導パート

チャンネル登録やフォロー誘導が基本だが、チャネルによってはそのまま購入に誘導できるので、誘導先に行ったらさらによいことがあるよ、的なコピーを添えて誘導する。

その他のポイント

撮影カメラ

高価なプロ用の機材のほうが使い勝手もよいことが多いが、スマートフォンで撮影するのでも問題ない。Webにおいては、映像の質がマーケティングの成果に直結することはほとんどない。

動画の長さ

短いほどよい。無駄な導入は排除しよう。

サムネイル画像

サムネイルはWebページと同様、視聴数を大きく左右するので、要約パートのようにプラスで感情を揺るがすコピーを入れる形のサムネイルにしよう。

著作権について

BGMや素材については、必ず著作権がクリアになっているものを利用する。フリー素材は、権利者が後から現れることもあるので、有償サービスとして提供しているものの利用を推奨する。

07 PDCAサイクルを適切に回すには

Webサイトに求められたミッションを達成するためには継続的な改善が不可欠だ。改善施策を行うには定期的な効果測定で得た数値から仮説を立て、具体的な目標を設定していこう 。

滝川洋平

PDCAサイクルがWebを改善する

　Webサイトは公開してからが本番である。運用を開始してしばらく経ち、ローンチ時に立てた目標と乖離している状況が見られるようならば、アクセス状況を解析して現状の課題を把握し、改善施策を打つことで軌道修正できるのがWebサイトの強みのひとつだ。

　しかしながら、得られた分析データをもとに仮説を立てて改善施策を行ったとしても、その改善施策が必ずしも正解である保証はない。そのため、運用担当者は、PDCAのサイクルを理解して、効果的に回していくことが求められる。PDCA（Plan、Do、Check、Action）サイクル **図1** とは、

Plan：目標を設定し、仮説を立て、施策をプランニングする。
Do：プランをもとに施策を実行する。
Check：実行した施策がプランで設定したKPIを達成できているか検証を行う。

Action：チェックの工程で見えた課題をもとに解決策を考え、対処する。

　といった4つのプロセスを1サイクルとして実行し、試行錯誤を繰り返しながら、Webサイトに求められる目的や目標を達成するためのフレームワークである。

仮説を立てるための指標を集める

　しかし実際の運用の現場では、PDCAサイクルを回しているつもりがPlan→Do→Planの繰り返しになってしまって機能不全を起こしている例は少なくない。

　こういったケースに見られる問題は、得られた結果の分析が不十分な状態で計画を立てて、実行してしまうところにある。

　すると、得られた成果が計画からかけ離れていた場合に、自らの経験則だけでこのギャップを修正しようとして、現状とは乖離した計画を立ててしまうというネガティブスパイラルに陥ってしまう。

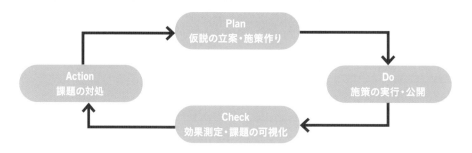

図1 WebにおけるPDCAサイクル

分析（Check）のプロセスで適切な評価ができていないため、当然課題に対して有効な改善策（Action）も打ち出すことができない。

効果的なCheckのための目標設定

PDCAサイクルを回す上で重要なのは、計画段階で明確な達成指標＝KGI（Key Goal Indicator: 経営目標達成指標）と、KPI（Key Performance Indicator: 業績評価指標）を設定することである。

最終的な目標（KGI）を達成するために、中間指標となるKPIの達成度合いを検証することで、Webサイトの現状を把握でき、改善のポイントを可視化できる。こうした物差しを用意することで、アクセス解析で得たデータから改善のための仮説を立てられるようになる。

しかし、Webサイトのミッションの確認の際に設定したゴールは長期的なビジョンで設定しており、そのままでは曖昧でKGIとしては不明瞭で機能しない。そのため、ゴールにあたる目標を具体的な数値に置き換えて、目標を可視化しよう。具体例を挙げてみる。

KGI例「Webサイト経由での採用数を増やす」

例えば、「採用数を増やす」だけだと何人Webサイト経由で採用を行えば達成なのかがわからない。コーポレートサイトの採用窓口から求人に応募して採用人数を増やすことが目的ならば、「来年の新卒採用のエントリー数を前年比150%にする」だったり、「半年後までに中途採用の窓口から2,000人が情報を登録する」というように、KGIは具体的に設定するといいだろう。

マイルストーンとしてのKPI

そしてPDCAサイクルを実施する上で最も重要なのが、KGIを設定して満足せずに、KGIを達成するプロセスにおける中間評価指標を設定することだ**図2**。

KGIはビジネスゴールを定量的に示した指標そのものであるのに対し、KPIはKGI達成までの各プロセスの達成度を計るもので、ゴールまでのマイルストーンとなる。

KGI例
「半年後までに中途採用の窓口から2,000人が職務経歴書を登録する」

この場合だと、中途採用における書類選考のために、職務経歴書を登録してもらうことがゴールとなるが、そのためのマイルストーンは以下のものが該当するだろう。

- **採用ページの月間PV数を10万回にする**
  何人くらい採用ページを見たか→応募対象者全体の母数を増やす
- **エントリー完了ページのPV数を2倍にする**
  エントリーに至ったコンバージョン→応募者を倍にする
- **入力フォーム画面の離脱率を1/3にする**
  EFO対策は問題ないか→入力が面倒で離脱する応募者を助ける

このように、Checkのプロセスにおいて、目標の達成度が可視化できる「KPI」の設定は、改善を続け、KGIを達成するための助けとなるだろう。

図2 KGIとKPI
KGIに到達するための過程としてKPIを設計する

CHAPTER 5
08

サイト改善のための
Web解析ツール

よりよいサイト運営のためには定期的な効果測定のもとに仮説検証を行い、改善や修正を絶え間なく行うことが重要である。ここでは注視すべき項目や、効果測定に役立つツールについて解説する。

滝川洋平

主体的に改善施策を立てるために

Webサイトがほかのメディアと大きく異なるポイントのひとつが、Web解析情報から施策の成果を定量的に検証できることだ。解析ツールから得られた定量データを分析し、そこから仮説を立てて施策を実行し、その効果を測定するPDCAサイクルを細かく回すことで、主体的かつ継続的にサイト改善に取り組んでいける。

運用を続けるうえで表面化するサイトの問題を汲み上げるために、解析ツールを活用して多面的な視点でサイトの改善点を発見できるようにしたい。

Googleアナリティクスを活用しよう

アクセス解析ツールの代表格といえばGoogleアナリティクス(GA)だ。

サイト構築時やリニューアル時にトラッキングタグを導入しておけば、基本的なアクセス解析が無料で始められる基本中の基本ともいえるツールである。

しかしながらできることが多く、使いこなすまでに熟練を要すため表面的な機能しか使えていない人も多いことだろう。

サイトの目的やゴールに合わせて、イベントの設定やフィルタをカスタマイズして、適切なデータを取り出せなければ分析に本当に必要なデータとして意味をなさなくなるため、Googleタグマネージャーと組み合わせてイベントの設定やページ間でのデータの受け渡しの設定などを適切に行う必要がある。そのためページ遷移などを設計する段階から開発チームと相談し、解析を行う上で適切なディレクトリ設定や構成で実装するようにしたい。

Googleアナリティクスの学習

Webディレクターにとって、Googleアナリティクスは必修科目だ。そして2023年7月から旧バージョンが終

図1 Google スキルショップ
GAに限らず、さまざまなGoogleのツールをeラーニング形式で学べる。日本語版も用意されているので英語が苦手な人でも問題ない
https://skillshop.withgoogle.com/intl/ja_ALL/

了、Googleアナリティクス4プロパティ（略称GA4）にバージョンアップし、従来と計測思想が変化したGA4への移行が必要となっている。これからGAを習得する場合は、従来のユニバーサル アナリティクスではなく、GA4を学習するといいだろう。

Googleがオフィシャルで提供しているオンラインコース（スキルショップ）でしっかり習得しておこう。

日本語で 用意されたeラーニングコースによって、基本的な概念や利用方法がわかりやすく解説されているため、体系的な知識を得られるだろう。

また、現時点でGA4を解説した書籍はまだ少ないうえ、GA4は短いスパンでバージョンアップを続けている関係で、書籍で学習したい場合は、その時点での最新の書籍を使用することをおすすめしたい 図1 。

定点観測でサイトの傾向をつかむ

Googleアナリティクス4はサイトに訪れるユーザーの、「どのような属性のユーザーが」、「どこから訪れて」、「どのページを閲覧して」、「どこで閲覧をやめたのか」といったセッション内容を記録している。

その膨大なログの中から、セグメントを分けたり、期間や集計対象をフィルタリングしたりすることで意味を持ったデータとして扱えるようになっている。

しかし、いざ運用しているサイトの改善点を見つけ出そうとGAの画面にかじりついても変化に気づくことは難しいだろう。そのため、Googleデータポータルを使用して定点観測を行い、サイトの傾向を把握しておきたい。

Googleデータポータルのダッシュボードにサイトのコンバージョン数値とそれに関連する複数の指標をまとめておけば、KPIの達成具合を大まかに確認できるようになる。

Googleデータポータルの設定のしかた

Googleデータポータルのダッシュボードは、さまざまなディメンション（データ項目）とメトリクス（数値指標）の組み合わせで構成される。表示したい数値や指標を表示するグラフを追加してダッシュボードを作成しよう。

また、Googleデータポータルは無償で使用できるBI（ビジネスインテリジェンス）ツールである。Googleアナリティクスのデータだけでなく、SearchConsoleやGoogleスプレッドシートをはじめとするさまざまなデータソースが接続できる。使いやすく見やすいダッシュボードを作成するには知識が必要だが、Tableauのような高価なBIツールを持っていなくても、Excelでは煩雑になる集計や分析がリアルタイムで行えるようになる。

自分でダッシュボードの作成ができなくとも、Googleが作成したテンプレートがテンプレートギャラリーから使用可能なので 、テンプレートをもとに欲しいデータを表示するようにカスタマイズに慣れていけばいい 図2 図3 。

ダッシュボードの構成例

サイトの形態によって必要な数値はさまざまだが、まずは取得しておきたい内容を以下にまとめたのでダッシュボード作りの参考にしてほしい。

- PV数と訪問数、1訪問あたりのPV数
- オーガニック検索のキーワードランキング

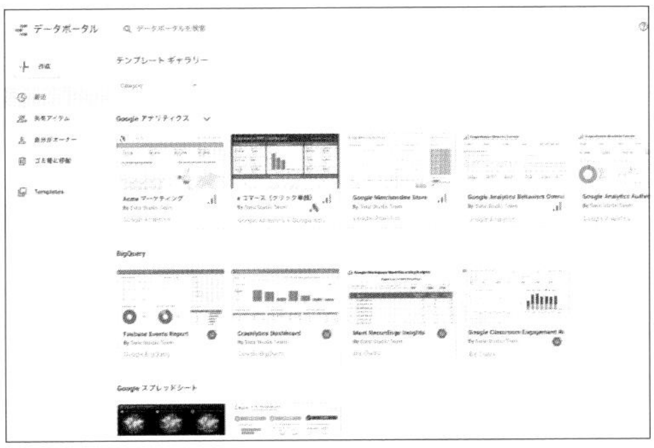

図2 データポータルのテンプレートギャラリー
対象のプロパティを設定するだけで基本的なダッシュボードが作成できる。ここからカスタマイズを始めるのがおすすめだ

図3 データポータルに接続できるデータソース
GAだけでなく、さまざまなサービスやデータと接続ができるので、複数の情報をまとめて一元化してビジュアライズできる

- 参照元サイトランキング
- サイト内の閲覧数が多いページランキング
- 離脱ページランキング
- モバイル/PCの比率

このほかにも施策に合わせて目標となるKPIを設定しておけば、デイリーレポートを確認する際に変化を把握しやすい。

さまざまな形で共有できるレポート

Googleデータポータルのダッシュボードは、PDF形式で出力したり、そのデータをスケジュールに沿ってメールで送信したりできる。イントラサイトに埋め込むコードを発行したり、閲覧者を絞ってオンライン公開したりする機能もある（図4）。

このように出力形式や出力頻度、送信先などを自在に設定でき、チームや担当部署に回覧したり、コミュニケーションツールと連携して共有したりと、レポーティングの省力化を図れるので積極的に活用したい（図5）。

定性的なデータ解析・他の解析ツール

アクセス解析ツールはGoogleアナリティクスのほかにも、User Insight（図6）のようなヒートマップ機能が充実したツールや、hubspot（図7）のようなマーケティングオートメーションツールや、大規模サイトの解析に適したAdobe Analytics（図8）といった選択肢もある。

競合サイトをリサーチしたい場合はSimilarWeb（図9）でおおよその数値が推定できる。自分のサイトの検索状況を把握したい場合はGoogle Search Console（171ページ参照）を活用すれば、ユーザーがどのようなキーワードでサイトに訪問しているのかもわかるだろう。

しかしこれらのアクセス解析ツールを利用しても、サイトの使い勝手やデザインの評価といった定性的なものは測定できない。ユーザーインタビューを行い、具体的な意見を集めるのがよいだろう。可能ならばリサーチ会社に依頼したいところだが、スモールスタートで始める場合はGoogle Forms（図10）やSurveyMonkey（図11）を使ってみよう。

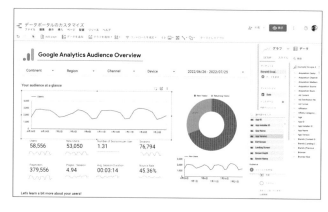

図4 データポータルのカスタマイズ
データポータルはグラフと呼ばれるパーツを組み合わせてダッシュボードを構成する。基本はディメンションとメトリクスの組み合わせだが、スクリプトやフィルタを組み合わせて使えば複雑なデータもビジュアライズできる

図5 ダッシュボードの共有
Google Appsのドキュメント共有のように、公開範囲や権限を細やかに決めて共有できる

図6 User Insight

ユーザーローカルが提供している有料の統合アクセス解析ツール。ヒートマップ機能が充実しており、UIやUXの改善に役立つ
http://ui.userlocal.jp/

図7 Hubspot

マーケティングオートメーションツールも行動分析に役立つので、リードジェネレーションを目的とするサイトは顧客理解に役立てたい
https://www.hubspot.jp/

図8 Adobe Marketing Cloud

アドビシステムズが提供するエンタープライズ型統合マーケティングツール。大規模なサイトの解析に向いている
http://www.adobe.com/jp/marketing-cloud.html

図9 SimilarWeb

自社サイトだけでなく、競合サイトの分析もビジネス面では重要だ。無料版でも競合サイトのURLを入力するだけで、アクセス状況や検索キーワードなどがわかる。有料版では広告出稿状況も調査可能だ
https://www.similarweb.com/

図10 Google Forms

簡単なアンケートやメールフォームなどはGoogleフォームで行えば、セキュリティ面でも安全なうえ、商用でも低予算で始められる
https://www.google.com/forms/

図11 SurveyMonkey

米サーベイモンキー社が提供するオンラインアンケートツール。日本語化もされており、手軽にアンケートが作成できる
https://jp.surveymonkey.com/

CHAPTER 5

09 Googleの解析ツールを活用しよう

Webサイトの分析を正確に、かつ効率よく行うためには、Googleアナリティクスだけではなく、Googleが提供しているほかのツールを活用していこう。

滝川洋平

押さえておきたいWebマスター向けのツール

Googleが提供しているWebマスター向けのツールは多数あるが、現状の状況を正しく把握するうえで、Googleタグマネージャー、Search Console、データポータルの3つのツールは押さえておきたい。Googleアナリティクス単体では取得できないデータを集計したり、リアルタイムに分析が可能なダッシュボードを利用したりすることで、よりフットワーク軽くサイトの現状を認識することができるようになるだろう。

複数の視点から推測される仮説を立てるためにも、また仮説を検証するためにも欠かせないのは日々蓄積されていくデータである。しっかりと設定してより成果を見込めるサイトにしていこう。

Googleタグマネージャー

今やWebサイトやサービス運営の現場でタグマネージャーを利用していないところは少ないだろう。

今日のWebサイトでは広告のタグや計測用のタグなどを始め、さまざまなケースでタグを出し分けて運用することが当たり前になっているため、タグの管理が非常に煩雑になっている。そうした膨大になったタグを、HTMLファイルやソースを直接編集することなくリアルタイムで編集できるのがタグマネジメントツールであり、Googleタグマネージャー（GTM）もその一種だ 図1 。

タグマネジメントツールはほかにもYahoo!やAdobeから提供されているが、Googleタグマネージャーは学習リソースも多く存在しており、習得と導入のハードルがほかのサービスに比べ低いのでおすすめだ。

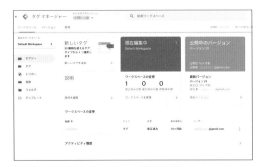

図1 Googleタグマネージャーのダッシュボード
タグマネージャーはプレビュー機能で挙動を確認しながら設定が行える。意図通りにタグが発火するかどうかを、アナリティクスのリアルタイムレポートなどのレスポンスを確認しながら十分なテストを行ったうえで公開しよう

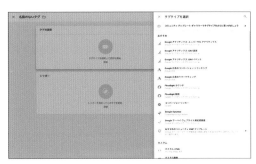

図2 Googleタグマネージャーのプリセットタグ選択
タグマネージャーのタグは図のようにさまざまなプリセットから選択できる。同様にトリガーも多数プリセットが用意されているので、さまざまな組み合わせの中から意図通りの設定を行おう

タグマネージャーの概念

Googleタグマネージャーは、配信するタグ「タグ」（図2）と、配信条件「トリガー」を組み合わせて設定することで、さまざまなサービスのタグを自在に出し分けられるようになる。

タグは、Googleがあらかじめ用意しているタグと、サードパーティが用意して公開しているタグがあり、基本的にはそれらのタグを使用すれば事足りるだろう。

その他のタグを利用する場合も、カスタムHTMLタグでJavaScriptコードを記述すればほとんどのニーズは満たせるが、フロントエンド開発の知識が必要なので、エンジニアと相談しながら対応するといいだろう。

配信条件であるトリガーは、どんなときにタグを発火するかを細かく設定することができる。

リンクのURLだけでなく、DOM要素やCookieの情報などさまざまな条件を組み合わせて、任意のタイミングや箇所でタグを発火させるか設定できる（図3）ので、タグマネージャーのプレビュー機能を活用して、意図通りに発火させられるようにしよう。

Googleタグマネージャーで設定しておきたいこと

Googleタグマネージャーで管理するものは広告や計測用のタグだけではない。Googleアナリティクスで取得するにはHTMLソースに手を加えなければ取得できないものを、ソースの編集を行わずに取得できるように設定したり、任意の箇所に要素を追加したりすることもできる。また、GA4ではクリックイベントのカスタム設定をGAの管理画面上で行うことができるが、Googleタグマネージャーを利用すれば、より細やかな設定行える。

さらに埋め込んだ動画の再生数や、視聴完了数なども設定することによって計測することができるため、動画コンテンツを多く使用しているサイトの精読率も解析可能だ。

Googleタグマネージャーをアナリティクスのイベントトラッキングに使用する場合は、トリガーの設定と、アナリティクスへ記録されるログのラベルの設定がモノをいう。余裕をもって設計と設定を行い、プレビュー機能でしっかり試して、あとで「やっぱりこうしておけばよかった…」とならないように心がけよう。

Google Search Console

Googleアナリティクスでは、サイトに検索エンジンから訪問したユーザーの検索キーワードのほとんどが（not provided）と表示されて把握できない。しかし、Google Search Console（図4）を利用することで統計的なデータとして検索キーワードの情報が確認できる。

またGoogleの検索サービスにおけるサイトのパフォーマンスも把握できるようになるので、サイトのSEOを行う上で必須のツールである。必ず日常的に目を通し、使いこなせるようにしたい。

サイトのパフォーマンスを把握するために

Googleアナリティクスなどの解析ツールでは、サイトへのユーザーアクセス状況を把握することはできるものの、Webサイト自体が検索エンジンからどう評価されているかを知ることはできない。

図3 カスタムHTMLの設定
サイト内のデータをGoogleアナリティクスに送信したり、任意のタイミングで要素を追加したり非表示したりすることができる

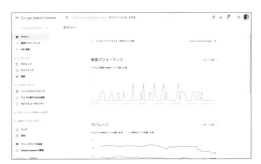

図4 Google Search Consoleのダッシュボード
検索エンジンでの自社サイトの状況や、課題のあるページなどが把握できる。アラートはメールでもお知らせしてもらえるが、日常的に目を通すよう心がけよう

しかし、Google Search Consoleでは、ペナルティや
ユーザビリティのエラーGoogle検索結果上のクリック
状況など、Googleでしか知り得ない情報を知ることが
できる。

Google Search Consoleを利用する上で、欠かせない
機能は以下の5つだ。

1. 検索結果のパフォーマンス 図5

検索結果のパフォーマンスの項目はユーザーが検索
しているキーワードが把握できる。サイトがどんなキー
ワードで検索されているのかがわかるので、どのような
なキーワードでコンテンツを作成すればよいかの助け
になる。

2. カバレッジ 図6

検索エンジンのクローラーが、クロールで取得でき
なかったページが表示される。クロールエラーのデー
タを確認し、エラーがあるページを修正し、クローラー
が正しくデータを取得できるように対応することで検索
のパフォーマンスを向上させることができる。カバレッ
ジの問題が検出された場合は、画面上部にアラートサ
インが通知されるので、折に触れて確認するようにしよ
う。

3. URL検査ツール

URLに関する、さまざまな検査が実施できる機能で
ある。ページのインデックス状況や、直近でGoogleのク
ローラーが訪問した日時、Googleが認識しているURL
など、さまざまな情報が把握できる。Googleが認識して
いるURLは、「httpとhttps」、「wwwのありなし」という
ような、サイトの運営者が意図しているURLと同じかど

うかを確認できる。ここで意図していないURLが認識
されていたら、URLの正規化などの対策を行うなど、対
応を検討するヒントになるので確認しておきたい。

4. ペナルティへの対策

サイトやコンテンツが、Googleが設定している「ウェ
ブマスター向けガイドライン（品質に関するガイドライン）」
に違反していた際に与えられるペナルティの有無や内
容を把握できる。

急にサイトのページが検索結果に表示されなくなっ
たり、順位が低下した場合は、ペナルティが与えられて
いる可能性があるので、確認してみよう。こちらも画面
上部のアラートサインで通知される。

また、ペナルティに対する対応を行った際に、ペナル
ティに対する審査のリクエストもここから行える。

5. サイトマップ

Googleがサイトの構造を把握するのに役立てられ
る。サイトマップを定期的にGoogleへ送信することで
新規に追加したコンテンツをクローラがすぐに認識で
きるようになる。

サイトのコンテンツ数が多かったり、新しかったりす
る場合には、ここからsitemap.xmlを送信しておこう。
それによってページがインデックスされやすくなる。

モバイルファーストインデックス

今日のインターネットユーザーの検索行動は、PCよ
りもスマートフォンによる検索量が大半を占めている。
そこでモバイルユーザーに対する利便性を高め、ユー
ザーに対して価値のある検索結果を提供するために

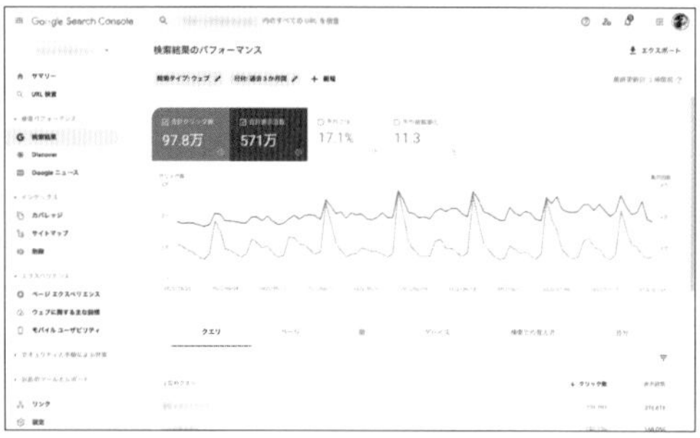

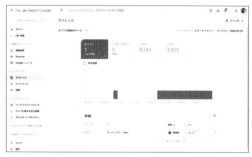

図5 検索結果のパフォーマンス
自社のサイトがどのようなキーワードで検索されているかが把握できる

図6 カバレッジ
カバレッジレポートのステータスには「エラー」「有効（警告あり）」「有効」
「除外」があり、ステータスによってWebページに問題があるかどうかを
判断できる

Googleでは、これまでPC向けのページを評価対象として検索結果を表示していたものを、モバイル向けのページを評価対象に変更したモバイルファーストインデックス（MFI）に移行すると告知していた。

しかし完了予定は延期に延期を重ね、本稿執筆時点でもまだ完了したという報告はないものの、MFIは現在のWebサイト運営の大前提となる基準である。

MFIで注意すべきこと

MFIは「モバイルサイトをメインの評価対象とする変更」のため、PCサイトのみで運営されているサイトや、モバイルサイトがPCサイトに比べ機能や情報が少なくなっているようなスマホ対応が中途半端なサイトは、MFIによる検索順位低下などの影響が大きいだろう。

つまり、PCサイトとモバイルサイトに情報量で差がないサイトにすることがMFI対応の本質的な対策となる。また、ページに対するインデックスはMFIの導入によって分かれることはないとGoogleが明言しているため、PCサイトとモバイルサイトを別々のURLで運用している場合はアノテーション設定を行おう。

PC、モバイルそれぞれのページのhead内にcanonicalタグ、alternateタグを設置して設定することにより、同一のページとして評価させることができる。

PageSpeed Insightsでサイトの速度を測る

Webサイトの表示速度も検索順位に影響を与えるため、運用しているサイトが実際にどのくらいのパフォーマンスなのかをPageSpeed Insightsを活用して把握しておこう 図7 。

サイトの表示速度が遅い場合、検索順位への影響だけでなくユーザー体験に大きく影響するため、ユーザーの離脱防止の施策としても有効なため、改善の指標として活用したい。

サイト速度のさまざまな指標

PageSpeed Insightsには指標が大きく4つある。

- First Contentful Paint（FCP）：最初のコンテンツ表示にかかるまでの時間
- Largest Contentful Paint（LCP）：メインコンテンツの読み込み時間
- First Input Delay（FID）：Webページの応答性
- Cumulative Layout Shift（CLS）：視覚的な安定性

これらの指標がそれぞれ評価され、採点される。

画像の読み込みサイズを縮小したり、スクリプトやCSSなどを軽量、高速化するだけでなく、サーバ構成などのインフラ面などの改善ポイントを合わせて示してくれるため、改善に役立てていこう。

図7 PageSpeed Insight
Googleが提供しているWebサイトの表示速度を測定・評価する分析ツールだ。速度の評価だけでなく、改善ポイントも提示されるので、具体的な改善に役立てられる

CHAPTER 5

10 問題発見と課題管理

運用を続けるうちに次第に見えてくるサイトの諸問題。これらの問題を解決するため、問題の課題への
落とし込みと、課題の管理方法や進捗管理、予算の確保について考える。

滝川洋平

課題管理の重要性

運用を続けていくと、さまざまな問題が次第に見えてくるようになる。UIやデザインのような目に見えるものであったり、更新作業を行う際の管理画面の使い勝手であったり、さらにはSEO面であったりと、さまざまな部分で表面化してくる。

こういったサイト運営上の問題は日々のアクセス解析レポートのほか、ユーザーや運用担当者からのレスポンスなどから汲み上げることで発見できる 図1 。

そして問題を発見したらチームで共有し、それぞれに優先度を付けて改善していくことが、長期的にサイトを育てて行くうえで大切な姿勢である。

問題と課題の違い

問題を発見したら、「課題」に変換する必要がある。

発見された問題は、そのままでは課題ではない。問題とはネガティブな影響を及ぼしている具体的な事象であり、課題とはその問題を解消するために解決すべきことだからだ。

したがって、発見した問題に対して分析を行い仮説を立て、具体的なアクションに落とし込んではじめて課題となるのである。そして発見した問題はどういった課題をはらんでいるのか、注意深く分析していく姿勢が求められる 図2 。

長期的な課題との向き合い方

運用の過程で、リニューアルまでは及ばずとも、新機能を追加したり、新しいコンテンツやメニューを追加したりする必要に迫られることがある。そのような場合の課題をどのようにマネジメントするかは運用ディレクターの腕の見せ所だ。

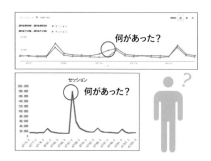

図1 アクセス解析データから問題を発見
定点観測をすることで、いつもと違う変化が発生した際に原因を探ることができる

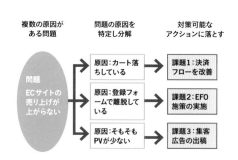

図2 問題の課題化

この場合、UIを変更したり管理画面の使い勝手を修正したりすることは、運用の中でも「改修」にあたるため、費用面でのマネジメントが特に重要になる。

当初の仕様に変更を加える作業になった場合、一般的な運用の座組みだと制作会社の協力を得なければ実現することは難しいだろう。なぜなら保守・運用費用外のコストが発生することになり、改修のための予算を確保する必要が出てくるためである。

課題をチケット化して管理する

挙がってきた課題や、その進捗状況をクライアントと制作会社とで共有するには、GitHubやBacklogなどのBTS（Bug Tracking System）やITS（Issue Tracking System）を課題管理ツールとして使用し管理したい **図3**。

GitHubはGitを利用したバージョン管理ツールで、BacklogはSaas型のプロジェクト管理ツールだ。ともに無料版から利用できるが、複数プロジェクトを回したり、グループで利用するには有料版を契約する必要が

ある。いずれも月額ひとり当たりに換算すればわずかな額であるため、ここは惜しまずに活用するようにしよう。

ほかにもAsana **図4** やTrello、Notionなど、プロジェクト管理や課題管理に活用できるツールは多数存在する。ツールの善し悪しはコミュニケーションコストに影響するため、自分のプロジェクトや組織に合ったツールを選んで、より円滑なプロジェクト運営を図ろう。

それでも、どうしてもそういったツールが使えないという現場においては、Excel **図5** やGoogleスプレッドシートなどの表計算ソフトを活用しよう。その場合は、なるべくオンライン上にデータを置き、常に最新の状況が把握できるように心がけたい。

いろいろな粒度の課題を一覧化し、それぞれにチケットと優先度、工数を割り当てておけば、予算とリソースの配分をクライアントと制作会社双方で把握することができ、問題意識の共有を図れるだろう。

それによって具体的な仕様への落とし込みや、制作会社側の工数算出が行えるようになるため、予算管理やスケジュール管理の面でも役に立つだろう。

図3 Backlogを利用したガントチャート管理
改修のスケジュールなどをあらかじめ定めておくことで、短期的なプロジェクトなのか、長期プロジェクトなのか判別でき、予算調達にも役立つ

図4 Asana
Asana株式会社が提供するプロジェクト管理ツール。チームで柔軟にプロジェクトマネジメントが行える

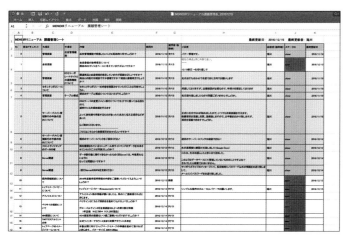

図5 Excelを利用した課題管理
オンラインツールが使用できない場合、Excelでも課題管理は可能だ

リニューアルのタイミングと制作会社の移管

よいWebサイトは小さな改善と大きな改善を繰り返して、世の中のニーズやトレンドに合わせて継続的に
進化を遂げている。大規模改修やリニューアルに際しての注意や考え方について解説する。

滝川洋平

大規模改修とリニューアル

　Webサイトの運用を長期間続けていくと、デザインや
UIのトレンドの変化や、技術的な課題から大規模な刷
新を迫られることがある。

　またコンテンツの管理上でも、掲載情報が増加した
り細分化したりしていくことでコンテンツの整理が困難
になるなど、大なり小なり運営上の問題が生じてくる。
こういった問題を改修で対応していけるのがWebサイト

という媒体の強みである。

　しかし問題の中には、改修では対応しきれない構造
上の問題への対処や、スマートフォン対応やマルチデバ
イス対応などのために、設計から見直す全面的な刷新、
すなわちリニューアルが必要なケースもある。

　リニューアルはWeb運用上の課題を解決する手段の
ひとつであるが、安易なリニューアルは逆効果になり得
ることを理解しておこう。

　一般的にリニューアルというと、社内の担当部署や、

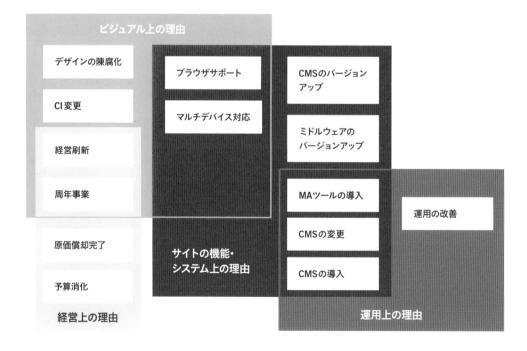

図1 リニューアルのタイミング

経営層からは主にビジュアル面での刷新が期待されることが多い。しかし、デザイン先行でリニューアルに踏み切ってしまうと、期待する効果が得られなかったり、長期的なユーザー離れを引き起こしてしまったりという失敗につながりがちだ。

それは、ユーザーにとって慣れ親しんだデザインやUIなどを刷新することで、既存ユーザーが混乱するリスクであったり、リニューアルにかかるコストが期待する成果に見合わないケースなどさまざまだ。こういったリスクを承知した上で、それでもリニューアルを行う明確な理由があるならば実施するべきである。

しかし、前述のデザイン先行でのリニューアルのように、Webサイトを作ってから（前にリニューアルしてから）だいぶ経ったからそろそろリニューアルしよう、などの理由でリニューアルを行うのであれば、一度踏みとどまって現状のWeb解析からやり直すのが賢明だろう。

リニューアルを行うタイミング

ディレクターとしては予算とリソースが許すならばゼロから作り直したくなることも確かだ。では、Webサイトの連続的な改善のサイクルを断ち切ってまで、リニューアルに踏み切るにあたり、判断する基準は何なのか。リニューアルの動機とタイミングの例を挙げてみよう 図1 。

外部要因による改善が必要なとき

スマートフォン対応や、サポート切れのブラウザ依存に対処する際の対応など。全体的なコンテンツ構成の見直しや、スマートフォン対応のためのマークアップを見直す必要もある。

デザイン面が陳腐化してきたとき

サイトデザインの傾向が数世代前のトレンドで、運用を続けることで、デザインの整合性がとれなくなってしまったときなど。

機能面が陳腐化してきたとき

MAツールなどのデジタルマーケティングのツールを導入したり、CMSを導入したりリプレースしたりするときなど。

更新コストを低減したい場合

複雑なマークアップで構築しているため、運用コストがかさんでしまっている場合や、CMSを導入して運用時の負荷を低減したい場合など。

税務上や、会計処理のタイミング

期末時の予算消化や、減価償却が完了した場合など（プログラムを含んだWebサイトの場合、会計処理上はソフトウェアになり資産として計上されるため）。その際の固定資産の償却期間は5年になる。

経営上の刷新時や、節目を迎えるとき

買収や統合など、経営上の刷新でブランディングを一新する場合や、節目の年を迎えるときに記念として実施する場合など。

COLUMN

制作会社との保守契約を考える

サイトの規模や保守契約の結び方にもよるが、月額定額で保守を依頼している場合は、保守費用に改修対応分を上乗せした費用で契約するケースもある。

その際は月あたりの対応可能な工数をあらかじめ契約書で定め、それに合わせて依頼するボリュームを調整するケースが多いのではないだろうか。

一方で、会社によって追加改修費用の予算が下りにくいケースもあり、迅速な対応ができずに頭を抱えるディレクターも少なくない。

そういった場合には、月額の対応可能工数をチケットとして積み立てておき、ある程度まとまった工数の改修を行うという契約を結ぶ手段もある。

両者の間であらかじめ長期的な改修計画などを立てておくような、継続的な改良を行う場合に相性がよい。

ただし、あらかじめ発注側と受注側の間で長期的な信頼関係が築けていないと、トラブルに発展する恐れもあるので注意してほしい。

リニューアルを行う際に注意する点

実際にリニューアルを行うことになったら、通常の Web制作プロジェクトと同様のプロセスで、課題解決に向けてチームでコミュニケーションを図っていくことになる。だが、リニューアルの場合は、現時点で稼働しているものの刷新となるので、いろいろな現在の状況との整合性を取る必要があることを理解しておこう。

リニューアルの際に制作会社を変更する場合

リニューアルの際に、制作会社を変更することは珍しいことではなく、その場合プロジェクトの中にもろもろの引き継ぎ事項が含まれることとなる。コンテンツ類などはそのまま引き継いでいくことになるが、注意しなければならないのが、ドメインとコンテンツ関連だ。

一般的にはドメインはクライアントが所有する **図2**ので、制作会社を変更したとしても現状のURLやメールアドレスに影響はないが、制作会社との契約によって、所有権が制作会社になっているケースもあるのであらかじめ確認しておこう。

ドメインの更新なども制作会社に委託している場合

は、レジストラ（ドメインの登録会社）の契約窓口の変更も必要だ。多くの場合、移転にともないWebサーバーの変更作業も発生するが、新旧サーバーの契約期間と内容も確認しておこう **図3**。

もう1点、コンテンツ面での契約状況の確認も重要だ。リニューアルを行う際に、既存のコンテンツはそのまま引き継ぎたい場合に、テキストや画像をそのまま使用し続けて問題がないか確認しておこう。

また、コンテンツに加えて、CMSのプラグインなどの運用上必要な機能を制作会社に開発してもらった場合、リニューアル後も使用するのであれば、後々のトラブルを防ぐためにも、その機能やプログラムの権利関係について契約内容を確認する必要があるだろう。

制作会社の変更が円満に行われているケースでは、いずれの場合も基本的には問題ないはずであるが、トラブルによって変更するケースには、こういった契約面に注意して進めるべきである。

ページ構成の見直しにともなうURLの変更

リニューアル後も同じ内容のページを制作する場合は、極力従来と同じURLで移行できるように制作した

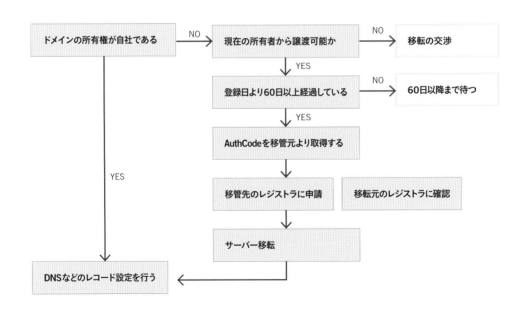

図2 ドメインの移管準備
自社でWebサーバーにドメインを管理していなかった場合は、サーバー移転の際の手配に手間がかかる場合がある

い。移行した既存ページに存在するサイト内のリンクが構成の変更によってリンク切れを起こしたり、外部のサイトによって貼られているリンクのリンク切れでコンバージョンの低下を招く場合があるからだ **図4**。

この問題は、CMSの導入や変更がある場合に起きやすいので、リニューアル前に現状のサイトマップを詳細に準備して、命名規則を合わせたり、サーバー側の設定でリダイレクト処理を行ったりすることで対処可能である。公開後に慌てて対応することがないように、設計時から注意を払っておきたいポイントである。

現行サーバーの解約規定を確認する
・契約期間はいつまでか
・自動更新ではないか
・中途解約に違約金は発生するか

現行サーバー

新サーバー

移行期間にDNSを変更する

移行完了

新サーバーの契約内容を確認する
・移転後の契約内容は問題ないか
・移行期間として重複する期間は十分か

図3 サーバーの移管についての契約手続き

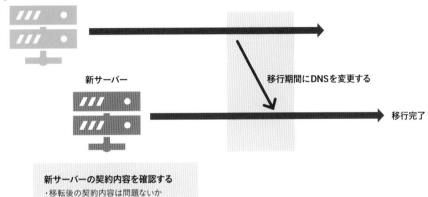

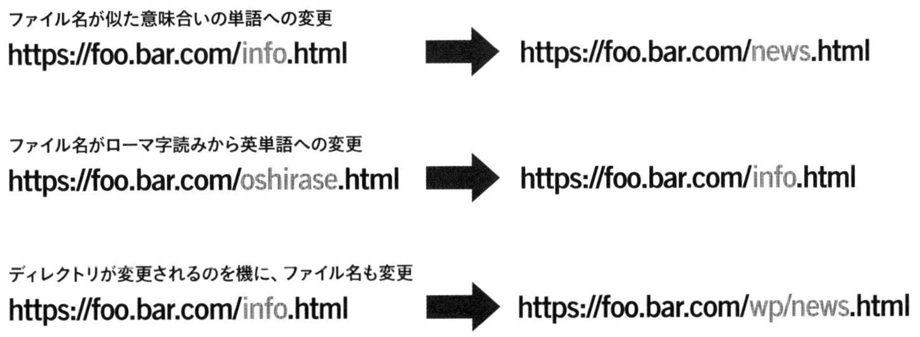

ファイル名が似た意味合いの単語への変更
https://foo.bar.com/info.html ➡ https://foo.bar.com/news.html

ファイル名がローマ字読みから英単語への変更
https://foo.bar.com/oshirase.html ➡ https://foo.bar.com/info.html

ディレクトリが変更されるのを機に、ファイル名も変更
https://foo.bar.com/info.html ➡ https://foo.bar.com/wp/news.html

図4 ページ構成の見直しにともなうURLへの変更
oshiraseをinfoと変更するような、リニューアルを機にファイル名を統一するためのURL変更はよく見られる変更例だ。しかしinfoからnewsのように、大意は変わらないのにURLは変わってしまうようなケースは、むやみに変更しないよう気をつけたい

ディレクション業務に役立つサイト集

Webディレクションに関わる人が日頃からチェックしておきたいニュースソースや、
確認しておきたいサイトを紹介する。

Web技術・デザイン関連

MDN Web Docs
（https://developer.mozilla.org/ja/）
Webサイトやプログレッシブウェブアプリの
ための HTML、CSS、API を含むオープンウ
ェブ技術に関する情報を提供している。

WHATWG（https://whatwg.org/ ）
HTML 標準仕様の策定を行なっている
WHATWG によるHTML Living Standard の
仕様（英語）。有志が翻訳している日本語版も
ある（https://momdo.github.io/html/）。

コリス（http://coliss.com/）
Webデザイナー御用達の情報サイト。

ferret［フェレット］（https://ferret-plus.com/）
Webマーケティングのコラムが充実。

Webクリエイターボックス
（https://www.webcreatorbox.com/）
Webサイトやプログレッシブウェブアプリの
ための HTML、CSS、API を含むオープンウ
ェブ技術に関する情報を提供している。

ソーシャルメディア関連

Twitter Developer Documentation
（https://developer.twitter.com/en/docs）
Twitterの仕様および規約。運用前提を確認
しよう。

Facebook開発者向けページ
（https://developers.facebook.com/?ref=pf）
Facebookの開発者向けサイト。ツールや
Facebookプラットフォームに関する情報。

アクセシビリティ関連

情報バリアフリーポータルサイト
（http://jis8341.net/）
アクセシビリティ対応のためのガイドブックや
対応チェックリストが用意されている。

ウェブアクセシビリティ基盤委員会
（https://waic.jp/knowledge/accessibility/）
ウェブアクセシビリティ対応のためのガイドラ
インや試験手法などを提供している。
過去のセミナーの資料も公開されており、ベ
ストプラクティスが学べる。

プライバシー・セキュリティ関連

IPA: 情報セキュリティ
（https://www.ipa.go.jp/security/index.html）
情報処理推進機構による情報セキュリティ
関連のポータルサイト。重要なセキュリティ
情報の欄には脆弱性の情報など、安全なサイ
ト運営のために対応すべき項目が集約されて
いる。

個人情報保護委員会
（https://www.ppc.go.jp/）
個人情報保護についてのガイドラインや関連
法令などがまとめられている。

用語索引

執筆者プロフィール

タナカミノル（たなか・みのる）

株式会社ピクルス 代表／プランナー／ディレクター。2000年からWeb広告のクリエイティブに携わり、プランニング、デザイン、ディレクション、エンジニアリングとマルチクリエーターとして活躍、さまざまな広告賞を受賞する。2003年にピクルスを起業。共著でWebに関わる書籍を5冊程執筆。現在は、SaaS「診断クラウド ヨミトル」のマネージャー。
https://pickles.tv/

滝川洋平（たきがわ・ようへい）

都内出版社勤務のコミュニケーション・デザイナー／プランナー／ライター。放送局のWeb事業戦略子会社、Web開発会社のディレクターを経て現職。PR視点のコンテンツプランニングや、慣れないスタッフでも自走できる運用プランニングが強み。著書に『Webサイト・リニューアル「見た目だけ変えた」にしない成功の手引き』（共著、MdN）
Blog　https://frederick.jp/
Twitter　@ko10buki

岸 正也（きし・まさや）

有限会社アルファサラボ代表取締役。フリーのデザイナー、ライターを経て2005年会社設立。主に大手企業サイト・サービスサイトの企画、設計、構築、運用に携わる。UXを意識したフロントエンドエンジニアリングやバックエンドも含めたワンストップの構築に強み。デジタルハリウッド講師、フジスマート講師。著書に『Webユーザビリティ・デザイン Web制作者が身につけておくべき新・100の法則。』（共著、インプレス）
https://www.arfaetha.com/
Facebook　https://www.facebook.com/kishimix

栄前田勝太郎（えいまえだ・かつたろう）

株式会社ゆめみ CXO／デザインストラテジスト。新規事業開発支援や組織開発・組織学習、コーポレートブランディング、それらのプログラムデザインやファシリテーションに携わっている。「問い、遊び、学習、場」がキーワード。
Twitter　@katsutaro
note　https://note.com/katsutaro/

［制作スタッフ］

装丁・本文デザイン　　菊地昌隆

カバーイラスト　　　　加藤 豊

編集・DTP　　　　　　宮崎綾子（Amargon）、本石好児（STUDIO d³）

編集長　　　　　　　　後藤憲司

担当編集　　　　　　　熊谷千春

Webディレクションの新・標準ルール 改訂第3版
リモート時代の最新ワークフローとマネジメント

2022年10月11日　　初版第1刷発行

［著者］　　　タナカミノル　滝川洋平　岸 正也　栄前田勝太郎

［発行人］　　山口康夫

［発行］　　　株式会社エムディエヌコーポレーション
　　　　　　　〒101-0051　東京都千代田区神田神保町一丁目105番地
　　　　　　　https://books.MdN.co.jp/

［発売］　　　株式会社インプレス
　　　　　　　〒101-0051　東京都千代田区神田神保町一丁目105番地

［印刷・製本］　シナノ書籍印刷株式会社

Printed in Japan

【カスタマーセンター】
造本には万全を期しておりますが、万一、落丁・乱丁などがございましたら、送料小社負担にてお取り替えいたします。
お手数ですが、カスタマーセンターまでご返送ください。

落丁・乱丁本などの ご返送先	〒101-0051　東京都千代田区神田神保町一丁目105番地 株式会社エムディエヌコーポレーション カスタマーセンター TEL:03-4334-2915
書店・販売店の ご注文受付	株式会社インプレス　受注センター TEL:048-449-8040／FAX:048-449-8041

内容に関するお問い合わせ先

株式会社エムディエヌコーポレーション カスタマーセンター メール窓口

info@MdN.co.jp

本書の内容に関するご質問は、Eメールのみの受付となります。メールの件名は「Webディレクションの新・標準ルール　改訂第3版　質問係」とお書きください。電話やFAX、郵便でのご質問にはお答えできません。ご質問の内容によりましては、しばらくお時間をいただく場合がございます。また、本書の範囲を超えるご質問に関しましてはお答えいたしかねますので、あらかじめご了承ください。

ISBN978-4-295-20422-0　　C3055